U0186401

◇ 仰望星空丛书

天文望远镜探索之旅

[荷兰] 霍弗特·席林

[丹麦] 拉尔斯·林伯格·克里斯滕森　著

沈　吉　译

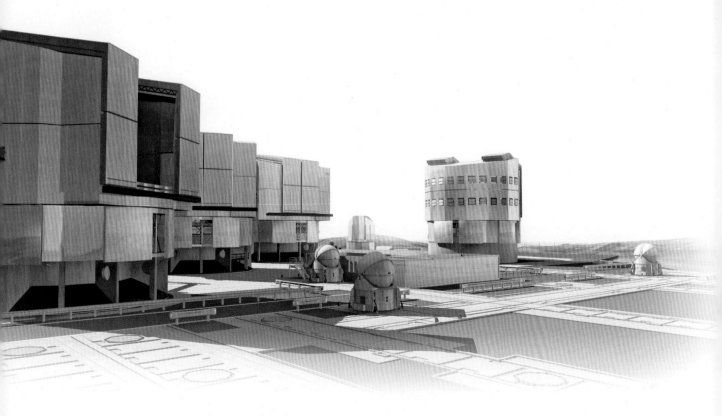

上海科学技术文献出版社

Shanghai Scientific and Technological Literature Press

图书在版编目（CIP）数据

天文望远镜探索之旅 /（荷）霍弗特·席林，（丹）拉尔斯·林伯格·克
里斯滕森著；沈吉译. —上海：上海科学技术文献出版社，2020（2022.8重印）
　（仰望星空丛书）
　ISBN 978-7-5439-8146-1

　Ⅰ.① 天… 　Ⅱ.①霍…②拉…③沈… 　Ⅲ.①天文望远镜—普及
读物 　Ⅳ.① TH 751-49

　　中国版本图书馆 CIP 数据核字 (2020) 第 114741 号

策划编辑：张　树
责任编辑：苏密娅
封面设计：李　楠

天文望远镜探索之旅
TIANWEN WANGYUANJING TANSUO ZHILÜ
[荷]霍弗特·席林　[丹]拉尔斯·林伯格·克里斯滕森　著　沈　吉　译
出版发行：上海科学技术文献出版社
地　　址：上海市长乐路 746 号
邮政编码：200040
经　　销：全国新华书店
印　　刷：上海华教印务有限公司
开　　本：889×1194　1/16
印　　张：8.25
版　　次：2020 年 8 月第 1 版　2022 年 8 月第 2 次印刷
书　　号：ISBN 978-7-5439-8146-1
定　　价：128.00 元
http://www.sstlp.com

风车星系

　　风车星系的直径达170 000光年，几乎是我们银河系的两倍。它那巨大的螺旋碟形结构内包含了众多恒星、尘埃和气体。据估计，该星系内部的恒星总数至少达到1万亿，其中有大约1 000万颗和我们的太阳类似的恒星，它们的温度和寿命都和太阳相差无几。在这幅图片中呈现出的该星系内无数的恒星，是依靠具有高分辨率的哈勃太空望远镜拍摄的结果。

北双子望远镜上空的星轨

　　这张照片摄于夏威夷的莫纳克亚。经过长时间的曝光，北双子望远镜上空的星轨勾勒出壮丽的圆弧。旭日初升，为天文台的左侧圆顶添上了一抹挥之不去的淡彩。徐徐落下的月亮则把它的光芒投射在圆顶的右侧。圆顶的中央则因泛着信号灯的红光而绚丽夺目。

CONTENTS

目　录

Foreword

前 言

壮丽的星暴星系M82（多波段成像）

三架太空望远镜共同见证并拍摄了这场位于尚处在活跃阶段的M82星系的"太空焰火"。钱德拉X射线天文台记录了X射线数据并为之成像（图中蓝色部分）；斯皮策太空望远镜负责记录红外线（图中红色部分）；而哈勃望远镜则负责检测该星系的氢释放量（图中橙色部分）并对其蓝光波段的辐射（图中黄绿色部分）进行成像。

我们深信，即使是在最远古的时代，我们的祖先也会带着惊奇和敬畏来仰望星空。然而，就在400年前，发生了一件非比寻常的事件——伽利略借鉴了当时欧洲最新发明的小型望远镜，用一组放大镜片手工打造了望远镜，并将它对准天空。于是，伽利略成为观察到月面环形山、金星的位相变化、木星的卫星群以及太阳黑子等壮观景象的第一人。伽利略跨出的历史性的一步在于他能够在第一时间尝试着去解释所观察到的一切，并将这些奇丽的天文景象联系到地球自身，联系到地球相对太阳的位置变化。这种素养对于我们天文学家而言也是尤为重要的。此外，他还认识到了月球其实是类似地球的天体。木星和它的卫星群构成了一个小型的"太阳系"。

这一切正是400年前所发生的。自那以后，天文学家们便跟随伽利略的脚步，不断地改良望远镜和观测仪器，努力地尝试探索其中的原理。这是个多么奇妙的进程！如今，世界各地已经分布着口径超过8米的光学望远镜；地面上还架起了射电望远镜和专用于检测高能粒子和光子的新型探测器用于辅助观测。与此同时，太空中的卫星在检测着宇宙中的其他辐射。太空望远镜虽然代价不菲，但外太空为我们提供了理想的观测条件。甚至在可见光和红外线波段，作为对巨大的地面望远镜之补充的哈勃望远镜，虽只有中等身材，但它所获得的结果也要精确得多。上述这些观测结果，以及由这些结果引申出的原理和解释，不但彻底改变了人类对太阳系的认识，还将整个宇宙，包括宇宙的起源、演化史、宇宙各组成部分（气态星云、星系、星团、恒星、太阳系和其以外的行星）的历史纳入了科学研究的对象之中。

值此国际天文年之际，让我们共同分享伽利略给我们留下的宝贵财富，共同庆祝这400年间所有的重大发现，以及由各种新技术所催生出的新知识。所有的这些成就我们都有目共睹。本书由两位经验丰富、才华横溢的天文工作者执笔。他们为大家生动讲述了这400多年来关于天文望远镜的传奇故事，以及人类在了解宇宙方面所取得的巨大进步。

C. Cesarsky

凯瑟琳·塞沙斯基

国际天文学联合会主席

法国DSM萨克莱原子能委员会研究主任

第一章 天宇新貌

望远镜缔造着天文学的奇迹。它放大了遥远的天体，向我们展示了暗星和星云的面貌。望远镜为天文学家打开了一扇通往遥远宇宙的窗口——人们发现宇宙深处不是漆黑一片、空无一物，而是充满了璀璨的星系。望远镜像时光机，为科学家们再现了宇宙最初的场景。借助望远镜，人类得以知道自己在时间和空间上的定位，这种贡献是其他任何仪器所无法取代的。离开望远镜，天文学甚至无法晋级为一门科学。

从先驱们偶然间将两片透镜排成一线，到如今复杂的太空望远镜和高居山顶的大规模反射望远镜，望远镜的发展已经历时400年之久。

"那一晚，伽利略掀起了一场科学史上翻天覆地的革命。"

四个多世纪前的一个夜晚，一位学者信步于他位于帕多瓦（Padua）的宅邸附近的田地，将他自制的望远镜对准了月球、行星与其他恒星。天文学的面貌从此焕然一新。那一天是1609年的11月30日，星期四。此人便是托斯卡纳的物理学家兼天文学家——伽利略·伽利雷。他当时可能并未意识到自己在那一晚已经掀起了一场科学史上翻天覆地的革命。

千百年来，人类仅能凭借肉眼观察宇宙，是望远镜改变了这一状况。如今，天文学家们使用安置在偏远高山上的巨型反射望远镜来眺望星空，为的是能够透过最稀薄、最澄澈、最平稳的大气，去捕捉那些目前已知的最遥远和最古老的天体所发出的微弱光线。射电望远镜则负责收集、聆听来自外太空的细微声息和动静。为了避免大气层对观测带来的不良影响，科学家们甚至将望远镜发射到绕地轨道，高踞于影响成像的大气层之上，在那里观测到的景象更令人叹为观止。

望远镜并非由伽利略发明，关于望远镜的起源至今仍存在争议。有关望远镜的最早文献记载表明这一发明归功于17世纪初的一位荷兰制镜师——汉斯·利柏希（Hans Lipperhey）。一次偶然的机会，利柏希发现将凸透镜和凹透镜分别安装在纸筒的两端可以放大远处的物体。望远镜便从此诞生了！

"望远镜的真实起源至今仍深陷迷雾。"

伽利略正在演示他的望远镜

1609年8月，伽利略向威尼斯大公演示了他用于观测星象的新型望远镜。图中，他们聚集在威尼斯圣马克广场（St. Mark's Square）中央，伽利略站在望远镜的右侧。伽利略作为一个敢想敢做的发明家，不仅革新了望远镜的设计，还第一个意识到了它可以被用于观测天空，而不只是放大地面上的物体。伽利略在之后数年间的观测证实了哥白尼（Nicolaus Copernicus）的日心说理论，即地球不是宇宙的中心。

我们可以肯定的是，利柏希从未用他的望远镜观测过天空。他发明的初衷主要是为了给航海家和士兵提供帮助。利柏希的故乡米德尔堡（Middelburg）是荷兰共和国的贸易重镇。当时，刚成立不久的荷兰共和国还在和西班牙交战。1608年的10月，利柏希向荷兰王子慕黎斯（Maurits）报告了自己的发明。当时他的望远镜已经能够从海牙的一座塔楼清楚地看到8千米外的代尔夫特教堂大钟上的时刻，还能侦察到远处的敌军舰队，这些光凭肉眼是无法看到的。这在当时是一项非常实用的发明。但是，由于利柏希的一位竞争对手——荷兰商人詹森·查卡里亚斯（Janssen Zacharias）号称自己在1604年就早于利柏希发明了望远镜，荷兰政府并未授予利柏希这一发明的专利权。关于这项发明至今尚未有定论。望远镜的真实起源至今仍深陷迷雾。

望远镜的发明者——汉斯·利柏希

尽管我们尚不明确究竟是谁制造了第一架望远镜，但来自米德尔堡的荷兰制镜师汉斯·利柏希确实在1608年秋天第一个提出了望远镜的专利申请。然而，由于事先已经有其他人宣称持有该项发明，荷兰议会并未承认他的专利。关于这项新发明的消息很快就传到了意大利。于是，伽利略迅速制造了一架望远镜并将它用于观测星空。这幅雕刻画选自皮埃尔·巴罗（Pierre Borel）的《望远镜真正的发明者》一书，此书于1655年出版。

谁是第一位发明者？

汉斯·利柏希在1608年提出的"遥望管"（"tube to see far"）专利申请是现存最早的记载望远镜发明的文献。但有一部分历史学家认为他在米德尔堡的竞争对手詹森·查卡里亚斯第一个制造了可操作的望远镜。真相恐怕永远无法为世人知晓了。

利柏希曾于1608年10月初向慕黎斯王子演示了他的望远镜，同时向荷兰议会提出了专利申请。但当时关于望远镜的消息已经流传了好一阵子了。那年9月中旬，利柏希接受了来自阿克马的雅可布·梅提斯（Jacob Metius）的访问。梅提斯自己也研究过望远镜，听说在米德尔堡诞生了这项发明之后，他便闻讯赶来一探究竟。也许梅提斯对望远镜的兴趣正是利柏希考虑要申请专利的原因。连梅提斯自己也在利柏希演示完的几天之后申请了该项专利。当时利柏希的同行——制镜师詹森·查卡里亚斯正出差到其他国家。等到10月中旬他回到米德尔堡时，开始试图证实自己才是第一个制作望远镜的。这场争论以利柏希的专利申请不予通过而告终。然而，荷兰议会在那年12月仍旧支付给利柏希一大笔费用，用于奖励他制作的双筒望远镜。

那么，詹森所述是否属实呢？当时的荷兰驻巴黎使节威廉·巴罗尔（Willem Boreel）在40年后以路易十四的私人医生身份，兼天文爱好者"皮埃尔·巴罗"的名义对该事件进行了调查，得出结论：是詹森第一个发明了望远镜。此外，詹森的事迹还与20世纪初的一则报道相吻合。在1634年，就在詹森去世后不久，荷兰科学家艾萨克·贝克曼（Isaac Beeckman）亲自走访了米德尔堡，并在詹森的儿子乔纳斯·查卡里亚斯（Johannes Zachariassen）那里学习镜片的研磨技术。在贝克曼的个人日记中，他详细记述了詹森之子的口述，即是他父亲于1604年最先发明了望远镜。

"把望远镜对准天空的时机已经来临。"

在帕多瓦，伽利略从他的法国同行那里得到了望远镜的消息。

伽利略可以称得上是那个时代最伟大的科学家，他研究了自由落体规律，发现了运动学规律，推翻了古希腊哲学家亚里士多德统治已久的观点，创立了现代科学的研究方法。伽利略还力推波兰天文学家哥白尼全新的宇宙观，即地球是绕着太阳转的，而不是太阳绕行的中心。

旋即，伽利略在荷兰发明家的基础上制作出了他自己的望远镜。他制作的这组望远镜质量更佳，视野更广，拥有更高的放大倍率和更清晰的观测结果。

伽利略写道："终于，我不用耗费任何资金和劳力，成功地为自己打造了这般卓越的观测设备。借助它观测到的物体比我们肉眼直接看到的大1 000倍！"

把望远镜对准天空的时机已经来临。

望远镜诞生在英格兰?

一些历史学家认为，英格兰数学家、测量家伦纳德·迪格斯（Leonard Digges）发明望远镜的时间比利柏希和伽利略都要提前几十年。迪格斯之子托马斯在1571年曾记录过父亲用他的"瞭望镜"做实验。此外，与迪格斯同时代的威廉·伯恩（William Bourne）记录道："如果你想看到任何远处的微小物体，就需要两片透镜的相互组合"；也有消息表明英格兰天文学家托马斯·哈略特（Thomas Harriot）在1586年曾在前往弗吉尼亚的途中向美洲的土著人展示过"瞭望镜"。然而，没有任何证据能够证明这种伊丽莎白时代的望远镜真实存在。狄格斯的"瞭望镜"很有可能只是形似轮毂盖的凸面镜。

"月球表面的情形像极了我们的世界: 有高山、有沟壑, 还有陨石坑。"

伽利略绘制的1610年的月面地形图

1609年11月30日, 伽利略第一次用望远镜观测月球并绘制了月面草图。右图显示了月面的环形山和陨石坑。虽然来自英格兰的托马斯·哈略特已经于1609年夏天用望远镜观测过月球, 但伽利略第一个发表了他的手绘图, 并详细记述了他观测到的细节。

1609年11月30日, 伽利略在他位于帕多瓦的宅邸外, 第一次将望远镜对准月球, 并记录下了他对外太空那片地貌的初探:

"我可以非常确信月球表面的地形并非像许多哲学家想象的那样, 光滑整洁、均匀饱满、呈精确的圆球形。恰恰相反, 它的表面布满了凹坑和凸起, 显得非常粗糙、崎岖, 和地球表面并无太大差异。"

月球表面的情形像极了我们的世界: 有高山、有沟壑, 还有陨石坑。

谁第一个将望远镜用于天文观测?

另一个争论不休的话题: 将望远镜用于天文用途究竟是从谁开始的? 是英格兰天文学家托马斯·哈略特还是意大利天文学家伽利略·伽利雷? 托马斯·哈略特是天文学家兼物理学家, 曾经一度是沃尔特·雷利爵士 (Sir Walter Raleigh) 远征途中的地图测绘师, 其住所位于牛津。据说哈略特早在1609年8月5日就观测过月球并绘制了草图, 比伽利略在同年11月30日的观测提前了数月。这极有可能是真的。但由于哈略特从未发表过他的观测结果, 也未在他的任何一项新发现中提及, 故很难找到关于他观测月球的证据。尽管哈略特远不如伽利略那么出名, 但他在1610年12月3日对太阳黑子的观测确实是这类观测的首例。

"并非所有天体都像古希腊人长期以来认为的那样绕着地球旋转。"

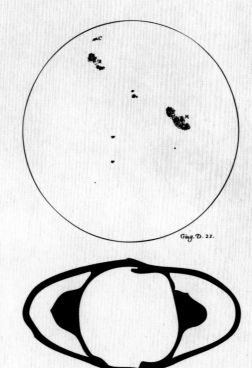

伽利略绘制的木星卫星、太阳黑子和土星的草图

伽利略发现了巨行星木星的四颗最大的卫星（左图），绘制了太阳黑子的详图（右上），然而，他不能对土星两侧形状怪异的"附属物"（右下）做出合理的解释。直到1656年，才由荷兰天文学家克里斯蒂安·惠更斯（Christiaan Huygens）认识到了土星的周围环绕着一圈扁平的光环。

1610年1月，伽利略在他画完月面草图数周之后，开始了对木星的观测。望远镜里的木星呈清晰的球形，其周围紧挨着四颗亮点（这四颗亮点便是木星最大的四颗卫星，为了纪念伽利略最早发现了它们，后人统称这四颗卫星为"伽利略卫星"。——译者注），这些亮点每晚都在变换着它们的位置。卫星群绕着木星日复一日地旋转，好似一场柔缓的天体芭蕾。这一现象令伽利略意识到哥白尼的理论是正确的，即并非像古希腊哲学家认为的那样，所有的天体都绕着地球旋转。

伽利略还看到了什么？金星的盈亏现象！闪耀的金星可见于清晨和夜晚的天空中，像月亮一样，它时圆时缺，有着循环不息的位相变化。这是由于金星的轨道靠近太阳所致。

伽利略还观察到了土星两侧形状怪异的附属物，它们当时看上去就像古罗马陶罐两侧的把手，但会在数年间先增大再缩回扁平状。

他甚至还冒着失明的危险直接观测刺眼的太阳表面的黑子。

"一个博大精深的宇宙，有待世人去发现。"

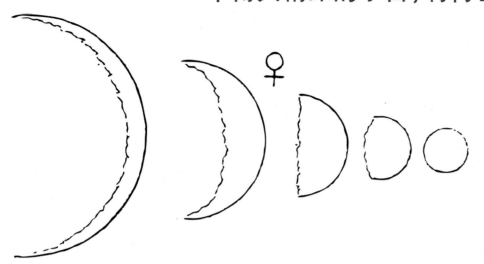

伽利略绘制的金星位相变化图

古希腊以地球为中心的宇宙观认为金星距离地球始终比太阳距离地球更近。然而，伽利略的观测揭示了金星也像月亮一样有盈亏现象。由于金星在靠近太阳时呈现出"凸月"的位相（被太阳照亮的部分大于半个圆），这肯定是由于从地球的角度看去金星运行到太阳背后的结果。这一由望远镜所观测到的现象，便是对哥白尼日心说理论具有说服力的佐证。

当然，他还观测了恒星，成千上万颗甚至上百万颗的恒星。由于这些星星太暗，光靠肉眼直接观测无法看清，望远镜仿佛摘去了一直蒙蔽着人类的眼罩，呈现出一个博大精深的宇宙，有待世人去发现。

有关望远镜的消息在欧洲火速蔓延。在布拉格，伽利略的忠实崇拜者——约翰尼斯·开普勒(Johannes Kepler)在鲁道夫二世大帝(Emperor Rudolph II)的宫廷中改良了望远镜的设计。在安特卫普，荷兰制图师米歇尔·冯·兰格林(Michael van Langren)利用望远镜绘制了首批准确的月面地图，显示了他所认为的"陆地"与"海洋"。一名富有的波兰啤酒商、天文爱好者约翰内斯·赫维留斯（Johannes Hevelius）在他位于但泽的天文台顶部建造了巨型的望远镜。

望远镜发明之前的天文学

在望远镜被发明之前，天文学家们是如何观测的呢？他们所看到的其实和普通大众完全相同：月亮的阴晴圆缺、运行中的行星、日食、彗星和流星，偶尔也会看到超新星。但他们仍然牢记自己科学家的身份，忠实地记录下了他们的观测结果，并设想出种种自然规律去解释这些互相关联的天象。古希腊人深信地球占据了宇宙的中心位置。在一个水晶天球的表面，镶嵌着太阳、月亮和各类行星，绕着地球旋转。而哥白尼将太阳放在宇宙的中间位置，他认为行星都绕着太阳转，其他星星固定分布在太阳系的周边，镶嵌于水晶天球的表面。直到16世纪末，科学家们才开始认识到其他的星星都是和太阳类似的恒星，遍布整个三维宇宙空间。

牛顿的反射望远镜

艾萨克·牛顿制造了第一架反射望远镜，它的镜筒长度只有15厘米，放大倍率却达40倍，高于当时镜筒长达两米的折射望远镜的放大倍率。牛顿这一新颖的设计最大限度降低了望远镜的色差——折射望远镜普遍存在的色彩失真。然而，由于磨制金属反射镜需要极高的精确度，牛顿制作的第一架反射镜（图中所示的为复制品）实际上比同时代的其他望远镜造成了更严重的图像失真。正因如此，过了一个世纪以后反射望远镜才开始在天文学家中间流行起来。

　　当时最好的观测设备大概要数由荷兰的克里斯蒂安·惠更斯打造的了。他天资聪颖，其父是一位荷兰富有的诗人兼外交大臣。惠更斯和他兄弟康斯坦丁（Constantijin）一起，整天摆弄那些高质量的镜片，其中一些镜片甚至保存到了今天。1655年，惠更斯发现了土星最大的卫星——泰坦。一年之后，他通过观测解密了伽利略无法解释的土星光环的本质。此外，惠更斯还观察到了火星表明的暗纹和两极的极冠。在这个遥远的天外世界是否存在生命呢？从那时起，这个问题始终激发着人们的无限暇想。

　　最早的望远镜用的是一片凸透镜去收集并会聚星光。这类折射式的望远镜会造成色差，因为不同颜色的光线经过透镜折射后会有细微的偏差（牛顿先由光的色散实验发现了白光由七种颜色组成。由于每种颜色光的折射率不同，导致入射光线经过透镜以后不能再会聚于一点而形成色差。而反射望远镜没有色差的问题，所有光的反射角都等于入射角，光线反射后不会分散。——译者注），结果导致观察到的星星周围有一圈七彩的光晕。后来尼克罗·祖基（Niccolo Zucchi）（尼克罗·祖基是意大利的僧侣，第一位造出反射镜的人，但是他未能准确地塑造出面镜的形状和用于拦阻影像的镜面，即缺乏观看影像的方法，导致他对此发明不抱希望。——译者注）第一个发明了反射望远镜，再经由艾萨克·牛顿于1668年对反射镜安装凹面镜进行改良，就可以消除色差了。牛顿那个时代的反射镜都由经过磨光的铜或锡制造，其质量不尽如人意。

长镜筒折射望远镜

在望远镜发展早期，人们发现具有超长焦距的透镜成像效果更好。于是，人们建立起了大型的木结构用以支撑、安置这些设备，如这张木雕图所示（选自荷兰作家Nicolaas Hartsoeker 1699年的著作）。

"赫歇尔一定像一个掉进糖罐的孩子一样乐坏了。"

在18世纪末，德国人威廉·赫歇尔（William Herschel）浇铸了当时世界上尺寸最大的望远镜镜面。赫歇尔原是一位管风琴师，后转行为天文学家，同他的妹妹卡洛林（Caroline）一起研习天文学。在他们位于英格兰的巴斯的家中，兄妹俩将火红的熔融金属灌进铸模浇铸出镜坯，再将镜坯表面磨光使其能够反射星光。赫歇尔最大的一架木质望远镜简直是个庞然大物，其口径达1.2米，需要动用四名仆人来同时操作底座轮子、绳索和滑轮，才能用它准确地跟踪某个天体的运行轨迹。用这架望远镜还能观测到天空中数以百计的星云和双星。作为第一个进行这样观测的天文学家，他一定像一个掉进糖罐的孩子一样乐坏了。

最早的"星探"

1781年，威廉·赫歇尔发现了一颗新的行星——天王星。根据勒维耶（Urbain Le Verrier）的理论测算，约翰·加里（Johann Galle）于1846年发现了海王星。天文学家在这之前都曾观测到这两颗著名的行星，但并未引起注意。1690年，英国天文学家约翰·弗兰斯蒂德（John Flamsteed）曾将天王星标号为"金牛座34"。其实，伽利略在他之前就观测到了海王星。1612年，当伽利略看到海王星运行到靠近木星位置时，误以为它是一颗远处的恒星。

"赫歇尔最大的一架木质望远镜简直是个庞然大物,它的口径达1.2米,需要动用四名仆人来同时操作底座轮子、绳索和滑轮。"

赫歇尔的"大炮"

威廉·赫歇尔最大的一架望远镜,其反射镜的口径竟达1.2米。它看上去略显笨拙,不易操作。在18世纪中叶以前,这架望远镜一直是世界上最大的望远镜。19世纪30年代,赫歇尔之子约翰在南非待了数年,期间他建造了一架类似的但尺寸略小的望远镜,用于研究南半球的天空。

"在偶尔晴朗的夜晚，罗斯伯爵会坐在他的目镜前，开始他驶向浩渺宇宙的奇妙之旅。"

赫歇尔描绘的银河系

在威廉·赫歇尔的那个时代，天文学的新发现层出不穷，各派论断风起云涌，达到了前所未有的高峰。赫歇尔本人也投入了大量的时间去试图揭示宇宙的奥秘。这幅图出自他的一篇叫作"论星空结构"的论文，图中我们可以看到他所描绘的银河系。这幅图显示了身处扁平状星系之中的我们是如何看到这一结构的。

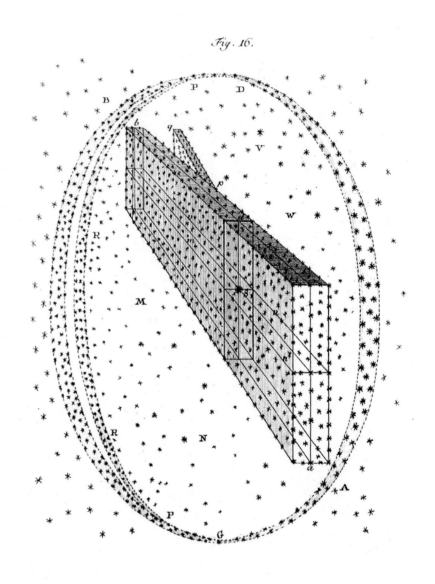

赫歇尔一丝不苟地进行恒星计数工作，最终发现了银河系应该是呈扁平状的，就像一只碟子。他甚至测量了我们的太阳系在宇宙中的运动。在1781年3月13日，赫歇尔发现了一颗新的行星——天王星。这颗娇小的蓝绿色星球，缓缓地划过缀满繁星的夜幕，与土星的轨道相去甚远。赫歇尔的这一发现立即将太阳系的尺度扩大了一倍。直到200多年后，当美国宇航局的"旅行者2号"探测器近距离途经天王星时，天文学家们才得以一睹这个遥远星球的真容。

罗斯伯爵的 "列维亚森"（列维亚森是《圣经·旧约》中巨大的海兽，人们常用此来比喻巨大的事物。——译者注）

　　罗斯伯爵的这架巨型望远镜被称为 "帕森斯城的列维亚森"，它矗立于两堵20米高的墙中间，摆放在一个巨大的轴承之上。从这架望远镜于1847年建成之时，直到1917年加利福尼亚的威尔逊山上建立起2.5米口径的胡克望远镜的70年间，它一直保持着世界最大望远镜的殊荣。这架望远镜能够自如地上下移动，但在水平方向的移动非常有限。通过它能够看到南方地平线上方的一条狭长区域中的天空。

　　罗斯伯爵三世（原名威廉·帕森斯 William Parsons）于19世纪40年代中期，在爱尔兰中部的一片土地肥沃、草木茂盛的乡间建造起了19世纪最大的望远镜，被称为 "帕森斯城的列维亚森"。它的金属反射镜重达3.5吨，直径竟达1.8米。它长达18米的镜筒矗立于两堵20多米高的石墙中间。在偶尔晴朗的夜晚，罗斯伯爵会坐在他的目镜前，开始他驶向浩渺宇宙的奇妙之旅。那些遥远的星云宛如宇宙中的一个个孤岛，千姿百态，变幻莫测，令他心醉不已。

"望远镜已经成为我们探索宇宙的巨舰。"

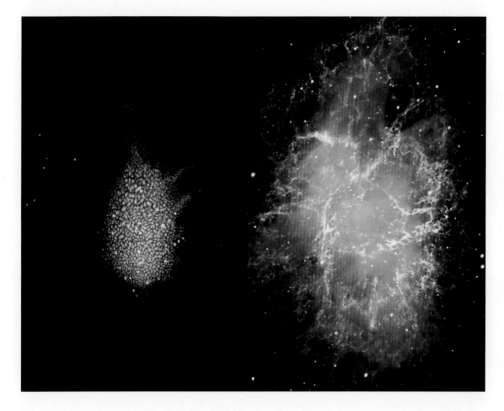

蟹状星云

正如罗斯伯爵的手绘图所示（左侧），蟹状星云有着蟹腿形状的突出，因此得名。根据甚大望远镜（Very Large Telescope，欧洲南方天文台的一组大型望远镜，在第三章中会详细介绍。——译者注）拍摄到的图像（右侧），蟹状星云是一团膨胀中的气体星云，从位于星云中央的一颗中子星不断地辐射获得能量。该星云诞生于1054年的一次超新星爆炸，上述这些景象都是那次超新星爆炸后的遗迹。

罗斯伯爵将他的观测结果以素描和作图的形式记录下来，向世人展示了许多我们今天再熟悉不过，但在当时却前所未有的细节：猎户座星云——如今我们知道它是一个孕育恒星的产房；蟹状星云——那是超新星爆炸的遗迹。罗斯伯爵的草图开创了前天文摄影时代。此外，他还第一个揭示了旋涡星系壮丽的螺旋造型。我们现在知道，旋涡星系是银河系之外的另一个星系，它包含了数以亿计的恒星，还有暗尘埃和炽热体组成的光怪陆离的云团，并且——或许存在着像我们的地球一样的行星。

望远镜已经成为我们探索宇宙的巨舰。

旋涡星系

罗斯伯爵借助其"列维亚森"巨型望远镜绘制了这张星图，并且第一个认识到了15个星系的螺旋状造型，包括M51星云，即旋涡星系。P24这张星图出自罗斯在1850年发表的一篇题为"星系观测"的论文。由于旋涡星系独特的形状，罗斯伯爵有时将它称作"问号星云"。右侧这张绘于1845年的草图和左侧这张哈勃太空望远镜拍摄的照片惊人地相似。"问号"末端的那"一点"实际上是一个小型的伴星系。

第二章 "大"显神通

五米口径海尔望远镜的穹顶

这架海尔望远镜口径达五米,坐落在美国加利福尼亚州圣地亚哥东北的帕洛马山。为了让这架庞然大物适应夜晚的气温,它那秀美的穹顶每天傍晚时分就会开启。自从1948年这架望远镜建成以后,天文学家们曾断言不可能再建造出比它更大的望远镜了。

天文学家们总是需要更大的望远镜以追求更好的观测效果和探索那些发光微弱的天体。于是,他们凭借着的科学洞察力、精湛的技术和坚持不懈的努力,终于在20世纪初建成了最早的巨型天文台。这些令人惊叹的观测设备通常位于遥远的山顶,藏匿于宏伟的穹顶之下,它们展现给我们一个不断变化和持续膨胀的宇宙——其内部布满了数量惊人的星系以及由核反应提供能量的恒星,正是这些反应生成了我们体内的各种基本元素。几十年前,帕洛马山的5米口径望远镜被认为是望远镜发展的极限,但事实是否真的如此呢?

"如何才能看得更清楚？答案是反射镜。"

在夜晚，你的眼睛会适应黑暗，你的瞳孔会扩大，以便让更多的光线进入眼睛，因此，你能够看到更暗的物体和恒星。现在，试想一下你的瞳孔扩至一米——这会使你拥有超凡的视力，那些比平常看到的星星暗25 000倍的天体，你都能尽收眼底！而这就是望远镜所能达到的效果。望远镜的作用就如同一个漏斗，它的主镜片或透镜用来收集星光，然后将之会聚成一束光呈现在你眼前。所以，越大的望远镜镜片或透镜，能让你看到越暗的物体。大尺寸望远镜的另一重要优势便是其相对较高的分辨能力。借助更大的镜片或反射镜，我们得以观察到诸如双星、行星表面的纹理和遥远星云的螺旋结构等更多细节。

因此，尺寸决定一切。为此，天文学家们不懈地追求着建造出更大的观测设备。望远镜究竟能够大到什么程度？对折射镜而言，想要把它造得更大似乎有些困难。因为星光需要穿过折射镜的主透镜，而透镜安装在望远镜里时只能从边缘将它卡住。透镜会因为太大和过于沉重而产生凹陷。相比之下，反射式望远镜可以从镜背支撑其主镜镜身的重量，从而镜片的口径可以做得更大。此外，反射镜的另一个优点是它仅仅需要一个光洁无瑕的反射面；而折射镜的透镜则对质量要求颇为苛刻，整片玻璃透镜中混入的任何气泡或杂质都会使成像效果大打折扣。

在1893年的芝加哥世界博览会上，史上最大的折射式望远镜亮相了。4年之后，它被安装在位于芝加哥大学威廉姆斯湾的叶凯士天文台内。其主镜由著名的制镜师阿尔万·克拉克(Alvan Clark)磨制，口径刚过1米，而镜筒却长达18米。天文学家们已经通过这架性能卓越的折射镜研究了双星和星体间的相对距离和运动。它还被用于分析星光的光谱，为测定天体的化学组成提供重要线索。但是，叶凯士望远镜已经达到了折射式望远镜的极限。那么如何才能更上一层楼呢？答案是反射镜。

探寻新的高度

几个世纪以来，天文学家们总是在其居所就近观测，他们的足迹已经遍布了帕多瓦、海牙、巴斯和帕森斯城等地。但在17世纪后半叶，艾萨克·牛顿曾建议说，高山之巅更适合天文观测，因为那里的空气更稳定、更静谧。

然而，牛顿的这一观点直到1856年才被证实。当时有一位生于意大利的天文学家查尔斯·皮亚兹·史密斯（Charles Piazzi Smyth, 于1846—1888年任职于苏格兰皇家天文协会）在其蜜月旅行期间走访了加纳利群岛的特内里费。他在那里进行了一系列的观测和考察，向人们提供了山顶观测价值的证据。

20年后，第一座永久性的驻山顶天文台在美国加利福尼亚州的汉密尔顿山动工兴建了。汉密尔顿山是戴博洛山脉中的一座海拔1284米的高峰，东临圣何塞市。里克天文台（因著名的慈善家詹姆斯·里克的捐助而得名）就在这里拔地而起，俯瞰着今天的"硅谷"。在那之后，乔治·艾勒里·海尔（George Ellery Hale）在海拔1740米的威尔逊山和海拔1713米的帕洛马山上相继建造了天文观测台。上图所示的基特峰天文台是在1958年建成的。

当今主要的大型望远镜都位于高海拔处，那里的大气更稳定、更稀薄、更澄明。而临海的高峰又是最理想的场所，那里的气流极其稳定。当然还有其他一些重要因素也应纳入考虑的范围之内，如干燥的气候、万里无云的天空和远离污染等。迄今为止，规模最大的高海拔天文台是位于夏威夷大岛（Big Island）上的莫纳克亚天文台，在这海拔4200米的地方安置着世界上最大的几座望远镜。

美国丹佛大学的迈尔旺布尔天文台位于洛基山脉的埃文斯山海拔4312米处，高于莫纳克亚天文台，但其规模相对较小。靠近中印边界汉勒村（Hanle）的印度天文台也同样如此，它位于喜马拉雅山脉西侧，海拔高达4517米。智利安第斯山脉的查南托平原（Llano de Chajnantor）高于海平面5000米，在这里，欧洲、美国和日本正在建造阿塔卡玛大型毫米波天线阵（Atacama Large Millimeter Array, 缩写为ALMA）（是多个国家的研究机构在智利北部合作建造的一台大型射电望远镜阵列，由64台口径为12米的天线组成，工作在毫米波和亚毫米波，计划于2012年完工，总投资超过10亿美元。——译者注）。来自太空的毫米波段的电磁波易被大气层中的水蒸气吸收，这组天线阵就致力于接收此类波段。

威尔逊天文台的60英寸口径望远镜

这张照片摄于1949年。照片中的吉恩·汉考克（Gene Hancock）是威尔逊天文台的夜班助理，他一边手动控制着天文台这架60英寸（约1.52米）口径望远镜的移动，一边怡然自得地抽着烟斗。由于地球自转的影响，望远镜在一昼夜的观测过程中需要持续而缓慢地调整观测位置，以应对天空的"转动"，而在今天，这项工作已经全部交给计算机来实现。

一个世纪前，巨型反射望远镜已经悄然驾临南加州的威尔逊山，当时这座山还只是洛杉矶东北角的圣加布里埃尔山脉中的一座籍籍无名的小山峰。而正是在威尔逊山上，太阳天文学家乔治·艾勒里·海尔首先建造了一架1.5米口径的反射镜。这架望远镜虽然口径小于罗斯伯爵的那座庞然大物，但质地更加优良，选址更为合理。1740米的海拔高度和加利福尼亚晴朗的天空相结合，赋予了这架望远镜清晰分明、细致入微的成像效果。

接着，海尔说服了当地的一位富商约翰·胡克（John Hooker），来出资建造一架口径2.5米的反射镜。随后，数吨重的玻璃和铆接钢材被运往威尔逊山上。胡克望远镜最终在1917年的11月竣工了，并在其后的30年内始终保持着世界最大望远镜的称号。它仿佛一枚观天巨炮，正蓄势待发，随时向茫茫宇宙发起攻势。

对那个时代的天文学家而言，能够坐在这座庞然大物前，通过它的目镜观察太空，亲自向其他星球启航，或畅游于星团星宿之间，或感受过往星云的飘逸，真称得上是一次奇幻之旅。但肉眼并非是观测遥远恒星的唯一手段。取而代之的方法是利用胡克望远镜内的焦点平面感光底片，以数小时计收集星光。那些相对较暗的天体的细节和结构通常是肉眼无法看到的，现在可以通过这种方法一一呈现。在那之前，从来没有一位科学家看到过如此深邃的宇宙。

胡克望远镜

"胡克望远镜给科学家们带来了20世纪最具深远意义的发现之一。"

　　旋涡状星云看上去充盈着大量恒星。这些星云的本质究竟是什么？是如同许多人所设想的银河系内的云雾状天体，还是与我们的银河系相类似的河外星系？针对这个问题，天文学家们在1920年展开了激烈的辩论，但结果似乎难分输赢。1923年，埃德温·哈勃（Edwin Hubble）引入了天文距离尺度，这个难题终于水落石出。哈勃观测到仙女座大星云的一颗恒星有着极其规律的亮度变化，而在我们银河系内这类恒星相当普遍。哈勃利用银河系内已知的恒星亮度，获得了这颗仙女座恒星和我们间的距离——几乎达100万光年之遥（银河系的半径约5万光年，而这颗仙女座的恒星距离我们100万光年，故只可能在银河系之外。——译者注）。显然这些旋涡星云是我们银河系之外的独立星系。

　　光谱仪显示，这些星云正在离我们远去。当一个天体正远离观测者，它发出的星光的波长会更长，这好比一辆正驶离你的救护车，它的警笛声会越来越低沉。弥尔顿·赫马森（Milton Humason）本是一名赶骡人，后来成为威尔逊天文台的看门人，再后来又当上了天文台的夜班助理。他协助哈勃，一起研究了宇宙的多普勒效应。他们的观测有了重大发现：临近的星系远离我们的速度较低，而遥远的星系则以大得多的速度后退。在1927年，哈勃得出了宇宙在膨胀的结论。就这样，胡克望远镜给科学家们带来了20世纪最具深远意义的发现之一。

大型望远镜之父

　　乔治·艾勒里·海尔（1868—1938）是美国天文学界的重要人物。他生于芝加哥，父亲是一名成功的电梯制造商。受父亲影响，他对大型建设项目表现出浓厚兴趣。他在麻省理工大学求学期间曾发明了用于研究太阳光的"太阳单色光谱照相仪"。尽管他是一名太阳天文学家，但人们普遍认为他是大型望远镜之父。他为建造叶凯士天文台、威尔逊山天文台和帕洛马天文台付出了巨大的努力，筹集了可观的资金。由于患有抑郁症，他在1923年辞去了威尔逊山天文台主任一职。

"生命是宇宙在不断演化过程中诞生的奇迹。"

由于望远镜的协助，我们得以追溯起宇宙的历史。其实我们的宇宙并非一直存在，它诞生于大约140亿年前。它由一个致密致热的状态，产生了时间和空间、质量和能量，我们称之为大爆炸。在大爆炸初始阶段，微小的粒子逐渐增大，成为质量块，其重力又吸引更多的质量围绕它们。一个个星系就由这一团团的密集质量凝集而来，它们尺寸各异，千姿百态。接着，小星系互相碰撞，合并成更大的星系，伴随着新恒星如雨后春笋般涌现。尽管空间在不断膨胀，引力却缓慢地将星系拉在一起，形成更紧凑的星团和丝状分布的超级星团，推动着如今大尺度宇宙结构的形成。

海尔望远镜观测到的猎户座星云

猎户座星云是离我们最近的恒星诞生地之一，距离地球约1500光年。普通的光学望远镜无法透过它那浓密的尘埃云，看清内部的恒星"摇篮"。帕洛马山的5米口径海尔望远镜由于配备了宽视场红外照相机（Wide-field Infra-Red Camera，简称WIRC），得以拍摄到这张近红外相片，从而揭示了星云的内部。类似WIRC这样的新型探测器给那些服役多年的望远镜注入了新的生命。

虽然宇宙最初仅含有氢和氦这两种最轻的元素，但恒星内部发生的核聚变反应产生了包括碳、氧、铁和金在内的新的原子。温和的恒星风和猛烈的超新星爆炸产生的风暴将这些元素重新抛向太空，作为产生新一代恒星或行星的基本原料。随后的某一天，在宇宙的某个角落，构造简单的有机分子以某种方式演化成为具有生命的有机体。生命是宇宙在不断演化过程中诞生的奇迹。我们骨骼中的钙，我们血液中的铁，我们呼吸的氧，也许都是恒星在核反应炉中的产物。是的，我们都是星尘。

北美星云

图中左侧的北美星云和右侧的塘鹅星云（Pelican Nebula，又称鹈鹕星云），都因其奇特的造型而得名。它们都是由天鹅座中的发光气体所组成的巨星云。这幅图片是由黑白胶片拼凑而得的。作为第二次国家地理帕洛马巡天计划（the second National Geographic Palomar Observatory Sky Survey，是一个建构天空摄影星图的计划。——译者注）的一部分，帕洛马天文台的48英寸（约1.2米）口径的施密特望远镜拍摄了这组照片。原片记录在两片玻璃感光片上，其中一片对红光敏感，另一片对蓝光敏感，两片都经过数字化处理。意大利天文爱好者大卫·德·马丁（Davide De Martin）用Photoshop的FITS liberator插件一共处理了62帧图像，最终生成了这幅彩色图片。

这张照片末标明具体日期。照片中,海尔正注视着耀眼的太阳成像。成像设备是威尔逊天文台的一架太阳望远镜。海尔不仅在太阳天文学方面贡献卓越,同时还是20世纪上半叶世界上几架规模最大的望远镜的筹款人。

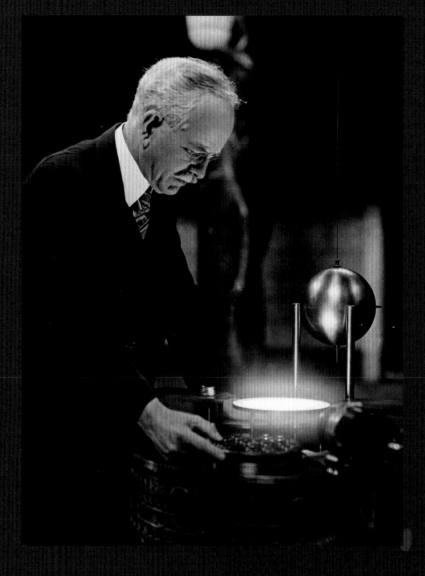

上述这些成果就是20世纪中由望远镜观测为我们带来的宇宙史和宇宙的大致轮廓。若没有望远镜,我们恐怕至今还只知道宇宙有六大行星、月球和几千颗星星。天文学也就仍在襁褓之中,我们不可能在数千年前就已经得出的观测结果上继续探索。

"宇宙就像埋藏的宝藏一样,自远古时代以来,它就一直召唤着酷爱探索的人们。"

——乔治·艾勒里·海尔

火焰星云

火焰星云是恒星的产房,靠近参宿一——猎户座腰带三星的最左边一颗。这张近红外相片由海尔望远镜上的宽视场红外摄像机拍摄,展示了星云尘埃内部新形成的一簇幼年恒星。它距离地球1500光年。

"海尔的终极梦想：建造出两倍于当时最大纪录的望远镜。"

为了追求更强大的观测设备，海尔的终极梦想是建造出两倍于最大纪录的望远镜。他从洛克菲勒基金会那里争取到了600万美金的拨款，同时在帕洛马山上选取了一处新址，那里足以远离洛杉矶日益严重的光污染。之后便诞生了20世纪天文学史上的泰斗巨镜——5米口径的海尔望远镜。它由当时新成立的加州理工学院负责管理。整个装置的可移动重量超过500吨，但却能恰如其分地平衡，移动起来就像芭蕾舞演员一样轻盈优雅。其主镜重达40吨，它的选材是一种新型的耐热玻璃，由纽约的康宁玻璃公司浇铸而成，再由火车运输到加利福尼亚。这块主镜能够揭示出比人眼所见暗4000万倍的星星。

1948年，也就是在海尔去世十年以后，海尔望远镜终于落成了。它让人们看到了前所未有的行星、星团、星云和星系。通过它拍摄的木星及其卫星的照片、土星光环的照片均具有重大的历史意义。它还揭开了昴星团的美丽面纱，展现了猎户星云那缕缕暗弱的气体云。此外，一些闻名遐迩的星系，如仙女座大星系、旋涡星系、风车星系等，皆由海尔望远镜一一发现。

海尔望远镜

在左边这张鱼眼立体相片中直指天空的是帕洛马山上的200英寸口径（5.08米）海尔望远镜，它被安装在一个巨大的赤道仪上。赤道仪的一个转动轴与地球自转轴保持平行，以便望远镜跟踪天体。海尔望远镜巨大的反射镜就安装在镜筒的底部，它将星光反射至顶上的观测室。望远镜内的副反射镜可以将光线反射回主镜中央的小孔，再将其导入望远镜背后的检测器。

另一架大型折射镜

叶凯士天文台的"折射巨炮"主镜直径达40英寸（约1.01米），它至今仍是世界上最大的折射镜。在加纳利群岛的拉帕尔马，一架新建成的望远镜正直逼叶凯士折射镜的地位。它是一架观测太阳的望远镜，位于海拔2400米的火山口，由瑞典太阳物理研究所负责使用。其直径1米的镜筒被抽成真空，就连它的主折射镜也是真空封接的。这架望远镜可以定期观测太阳表面的细节变化，分辨粒度为70千米。

天文学家们可否造出更好的望远镜？在20世纪70年代末，苏联的天文学家曾经做过尝试。他们在高加索山上建起了"经纬台式大望远镜"（Bolshoi Teleskop Altazimutalnyi，简称BTA），仿佛在向人们炫耀着它那口径宽达6米的主反射镜，但实际作用却有负众望。这似乎暗示着望远镜的建造技术已经达到了极限。科学家们建造更大观测设备的梦想受到了沉重的打击。

那么，望远镜的历史就只能这样提前结束了吗？当然不是。如今我们已经有更大口径的望远镜在投入运行。我们甚至在规划着建造更大的望远镜的宏伟蓝图。解决问题的关键是新的技术。

那些巨大的投入

许多美国的大型望远镜之所以能够建成，是因为有慈善家或工业巨头的慷慨资助。芝加哥富商查尔斯·叶凯士由于捐款建造了天文台，故名垂青史；约翰·胡克出资建造威尔逊山的2.5米口径望远镜；洛克菲勒基金会使建造帕洛马山的5米口径望远镜成为可能。在那以后，石油企业家威廉·凯克（William Keck）为夏威夷莫纳克亚的10米口径凯克望远镜拨出巨款；微软的创始人保罗·艾伦（Paul Allen）为超级射电望远镜阵列的建设慷慨解囊；英特尔的前董事长戈登·摩尔（Gordon Moore）则赞助了未来的"30米望远镜"（Thirty Metre Telescope，这里的30米指的是有效口径，该望远镜将在第七章中详细介绍。——译者注）的设计研究。

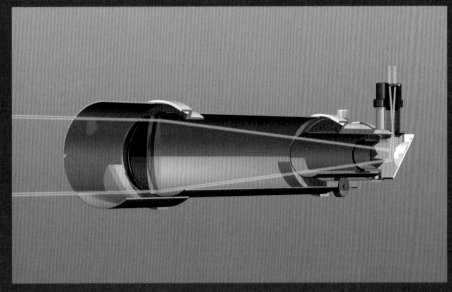

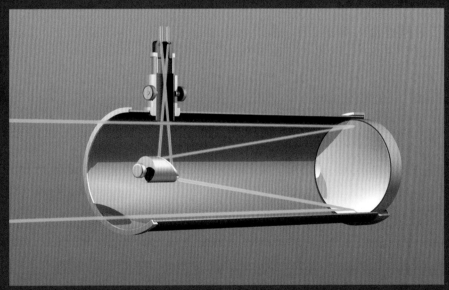

两种类型的望远镜

　　第一种望远镜称作折射望远镜，或折射镜，它使用的是透镜。折射镜一般由一片物镜和一片目镜组成（有时目镜会不止一片）。图片上半部分的折射镜是较现代的一种设计，天文爱好者通常使用这种。折射镜在20世纪初就已开始流行。当它的透镜口径超过1米时，就会由于体积过大而显得笨拙。尺寸更大的望远镜通常使用两片或两片以上的镜面，称作反射镜。图片下半部分是一架牛顿反射镜，它通常是天文爱好者自己动手制作望远镜时的首选。几乎所有当今的大型研究级天文望远镜都是反射镜，因为它们制造起来更简单，更易达到技术要求。除此之外，支撑一块反射镜比支撑透镜更容易些。反射镜在移动和观星过程中，始终可以从镜背位置支撑主镜，以抵消由重力产生的变形效应。

3.5米口径卡拉阿托望远镜

卡拉阿托天文台位于西班牙南部的安达卢西亚。如图所示的这架3.5米口径卡拉阿托望远镜就坐落于此。该天文台海拔2168米,最初建成于20世纪70年代,是德国和西班牙共同努力的结果。它在北半球为两国的天文学家提供了优越的观测条件。架设在赤道仪上的这个庞然大物代表了20世纪70年代天文望远镜制造技术的先进水平。

WIYN望远镜外貌

　　WIYN望远镜拥有3.5米的反射镜，是美国亚利桑那州基特峰国家天文台的第二大观测镜，仅次于4米口径的梅奥尔望远镜。WIYN望远镜于1994年建成，目前由威斯康星大学、印第安纳大学、耶鲁大学、国家光学天文台（National Optical Astronomy Observatory，简称NOAO）所共同管理。这架望远镜由于吸收了最新的技术，成为同类型中最强大的望远镜之一。

第三章　技术突破

若是没有20世纪后期的数字革命，望远镜天文学的进程恐怕只能戛然而止了。强大的计算机让大量的新技术成功地应用到了大型望远镜的制造中。高居山顶的反射望远镜的主镜通常由整块镜面制成，亦可由几块分镜面拼装成总体规模和一个泳池相当的镜面。聪明的天文学家成功地将一座座反射镜关联在一起，成为拥有超凡视力的庞然大物，他们甚至想出了应对大气湍流扰动的方法。在21世纪的望远镜建造中，类似这样的光学魔法屡见不鲜，它引领着地面天文观测步入了一个崭新的时代。

"正如现代汽车不会长得像福特T型车一样，现代望远镜和传统望远镜在外观上相差甚远。"

正如现代汽车不会长得像福特T型车（Model T Ford，福特汽车公司推出的一款汽车产品，第一辆T型车于1908年面世，它以其低廉的价格使汽车作为一种实用工具走入了寻常百姓之家，美国亦自此成为"车轮上的国度"。——译者注）一样，现代望远镜和传统望远镜在外观上相差甚远。一个显著的差异是，现代望远镜的底座要小得多。望远镜的底座起着支撑其镜筒的作用。天文学家总是希望能够将望远镜指向任何他们想要观测的方位，故望远镜的支架总是配有两根垂直的轴。望远镜只需围绕这两根轴徐徐转动，就可以对准天空的任何方位了。但如果想始终都能观测星星，望远镜就不得不持续不断地转动。这是由于地球的自转，满天繁星和太阳一样会有东升西落的现象。于是，面对会自己"转动"的天空，望远镜需时刻尾随着观测目标，使其始终落在视野范围之内。

当底座上的其中一根轴与地球的自转轴平行时，望远镜的定位工作就变得非常简单了（地球的自转轴指向天球的极点，所有的星星都绕着天球的极点转动）。我们只需将望远镜绕着这根转轴以匀速转动，即可观测到星星。这种底座称为赤道仪，广泛应用于20世纪上半叶的望远镜中，但它十分沉重，对空间的需求也很大。

相比之下，拥有一根竖直转轴和一根水平转轴的地平仪则显得更为小巧。望远镜配备了这种底座，操作起来就和一枚火炮一样，只要设定好方位和仰角就行了。但这也导致了追踪天空的运动变得更困难了，望远镜要以不同的速度绕两根轴一起转动，这就需要精确的计算机控制。这一切直到20世纪70年代初才得以实现。

如今的大型望远镜都配有计算机控制的地平仪。这种装置要相对便宜一些，它们可以放进更小的天文台圆顶内，也降低了建造的成本。以位于夏威夷的两座10米口径凯克望远镜（由美国加州理工学院建造，位于夏威夷的莫纳克亚的一对巨型望远镜——凯克I号和凯克II号。它们的主镜口径均为10米，每个主镜由36块直径为1.8米的小镜子组合而成，并非一块完整的镜面。——译者注）为例，虽然它们的屋顶尺寸比帕洛马山的海尔天文台小，却可以采集到4倍于海尔望远镜的星光。

新技术望远镜视野中的恒星形成区

巨大的欧米茄星云是一片著名的恒星形成区，它笼罩在尘埃云雾之下。欧洲南方天文台的新技术望远镜依靠其"近红外电子眼"揭开了这片区域的庐山真面目。欧米茄星云距离人马座5 000光年。由于尘埃的遮蔽，普通光学望远镜无法观测到欧米茄星云内部的众多年轻恒星。用近红外波段观测，则看到的这些尘雾会变得"透明"起来。

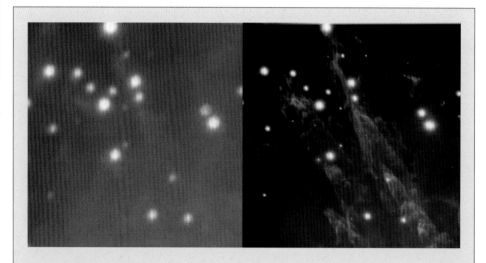

让星星不再闪烁

"自适应光学"宛如魔法般神奇。来自遥远宇宙的星光畅通无阻地在太空中穿梭千百年之久,最终到达了地球。就在这些光线落在地面上的观测望远镜之前,必须穿过地球的大气层,这就造成了光线的扭曲。因而,我们在地面上看到的星星会闪烁,拍到的宇宙照片是模糊的(如上左图所示)。这导致了世界上最大的几台望远镜与普通观测者的中型望远镜无甚区别。那么,天文学家怎样才能复原这些图片,怎样才能避免模糊的成像,就像没有大气层的效果一样呢?

一种诀窍便是仔细研究视野范围内相对较亮的一颗星,测出这颗星的球面波前(wavefront,振动相位相同的点构成的面。——译者注)。在太空中,波前相对稳定。但在地球上,由于光波穿过大气层中密度不同的区域,会导致波前的一些部分发生变形,无法同时投射到望远镜上。如果通过测量这颗"参考星"的光线,得出了其真实的球面波前,我们就能根据这种信息来调整"改正镜"(flexible mirror)的形状。这块柔韧的改正镜由许多微小的电热晶体支撑,以调整镜面形状以抵消大气湍流引起的波前失真,从而得到复原图像(如上右图所示)。

改正镜通常安装在望远镜的焦点平面附近,这是因为焦点平面附近的星光高度会聚。故改正镜的尺寸相对要小得多,直径只需几十厘米就足够了。即便这样,自适应光学仍面临着一个重大的挑战:由于大气层始终处于运动状态,测量参考星的波前和精确计算镜面的调整幅度这类步骤通常要每秒运行100次以上。

另一个不便之处是自适应光学需要被观测天体附近有一颗相对较亮的星。这样的巧合十分少见。所以现在天文学家们使用激光来制造出天空的亮点,作为人造的参考星。激光可以激发高层大气中的钠原子,产生一种可以检测大气湍流的波前。

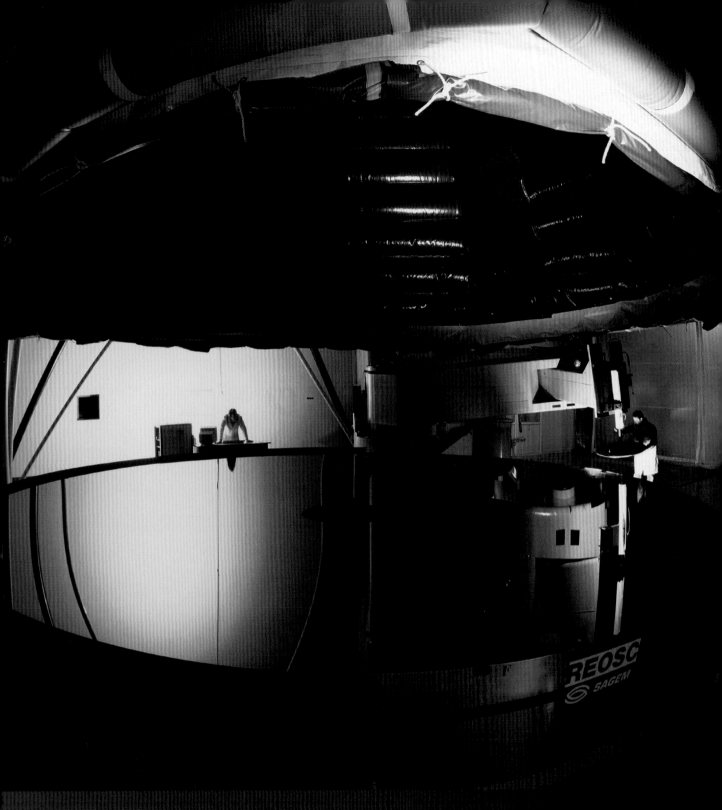

甚大望远镜的反射镜面

　　图中所示是欧洲南方天文台的第4座反射镜,其表面如婴儿肌肤般光滑平整。这张照片记录了它1999年12月刚在巴黎南部圣皮埃尔杜普埃的REOSC工厂完成最后一次抛光时的情景。反射镜的侧面呈新月形,宽达8.2米,厚度仅20厘米。

"光学工程师们用巨型转炉来浇铸这些新月形的镜坯。它们宽达数米，厚度却仅有20厘米。"

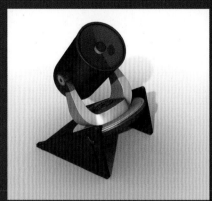

望远镜底座

　　望远镜底座的革新是望远镜在20世纪下半叶的重大技术突破之一。左图所示的赤道仪如今已经过时了。它仅绕一根平行于地球自转轴的轴线转动。这给天文学家观测目标天体带来了便利，观测者只需令望远镜保持匀速转动即可始终对准天空中的某片观测区。右图的地平仪则与之截然不同，它围绕两根互相垂直的轴运动。虽然这种底座更小巧，制作起来也更方便，但用起来就没那么容易了。观测者必须以不同的速度同时在水平和竖直方向移动望远镜，这样才能将它对准目标星体。所以这类装置直到20世纪70年代引入了计算机后才被广泛认可。其优点是所需的大尺寸部件少了，可放进更小空间，成像质量也更佳。

"它们是致力于观测天上世界的科学圣殿。"

　　望远镜的镜片也有所改进。以往的镜片又厚又重，如今却变得薄而轻。光学工程师们用巨型转炉来浇铸这些新月形的镜坯。它们宽达数米，厚度却仅有20厘米。镜面下有一个复杂而精密的支撑结构用来防止那薄薄的镜片因自身的重量而爆裂。由电脑控制的活塞及促动器也来帮助镜片保持理想的形状。这种用于优化望远镜性能的微调技术即主动光学，意在抵消及纠正由重力、温差以及风所造成的细微变形。

　　这样一块薄薄的镜片令望远镜的重量减去不少，包括底座在内的整个结构都显得更紧凑了，成本也可以降得更低。20世纪80年代后期，欧洲的天文学家们在智利的拉西亚山建造了3.6米口径的新技术望远镜。它为望远镜的各项新构想提供了测试的平台。就连它的外表也是独具匠心，它的外罩宛如一个筒仓，跟传统的天文台圆顶截然不同。新技术望远镜的表现近乎完美，天文学家们因此对打破6米口径的瓶颈充满信心。

　　莫纳克亚天文台坐落在一座海拔4 200米的休眠火山之巅，这里是太平洋上的至高点。正当游客们在夏威夷的海滩上享受阳光和冲浪之时，他们头顶上的天文学家却为了解开宇宙的谜团而不得不面对刺骨的低温和高原反应。莫纳克亚的两座凯克望远镜镜面有10米之宽，却薄如脆饼，实在令人难以想象。其镜面并非由整块玻璃制成，而是由36片六角形的小镜子拼合而成，看上去和某种浴室的地板图案差不多。每一片小镜子都以纳米精度控制。它们是致力于观测天上世界的科学圣殿。

凯克望远镜最先展示了多镜面技术的威力，引来众多望远镜纷纷仿效。在加纳利群岛的帕尔马山，西班牙的天文学家们在那里建成了加纳利大型望远镜（Gran Telescopio Canarias，亦作Grantecan）。它坐落于海拔2 400米的罗克德罗斯（Roque de los Muchachos Observatory）天文台，实际尺寸比凯克望远镜略大，有效口径达10.4米。

当夜幕降临在莫纳克亚，凯克双胞胎望远镜便开始采集来自宇宙深处的星光。这对望远镜的镜片结合起来的有效口径比以往所有的望远镜都大得多。它们今晚会有怎样的观测收获呢？是十亿光年之外的一对碰撞中的星系？还是一颗垂死的恒星，正用尽最后一口气呼出绚丽的行星状星云？抑或是一颗太阳系以外的有生命迹象的行星？

甚大望远镜（VLT）位于智利阿卡塔马沙漠——世界上最干旱的地方。甚大望远镜就坐落在沙漠中海拔2 635米的帕瑞纳山。它实际上是4个8.2米口径望远镜组成的整体。它们的名字分别是：Antu、Kueyen、Melipal和Yepun，在智利的当地语言中的意思分别是太阳、月亮、南十字和金星。体积庞大的主镜在德国铸造，法国抛光，再由货船运到智利，随后缓缓地运送过沙漠才达到最终的目的地。欧洲南方天文台负责指挥这些望远镜。

欧洲南方天文台的4座大小相同，外观一致的8.2米口径望远镜位于智利北部的帕瑞那山。Kueyen是其中的第2座，图中所示是它的镜面支撑结构，从后面看去它就如同一只巨型金属蜘蛛。镜室内配有计算机控制的活塞使主镜时刻处于理想的形状，以防止镜面因重力、温度变化以及风力负荷而变形。

给镜面镀铝

多数望远镜的镜片由陶瓷玻璃制成。不论镜片是如何浇铸、打磨和抛光的，都需要在最后镀上一层起反射作用的铝。这层铝需要定期维护。由于镀铝涂层的反射能力会随着时间的流逝而变差，镜面须每隔几年进行一次重新镀铝，这个过程通常在一个真空罐内进行。在智利帕瑞纳山的甚大望远镜总部，已经建好了一幢"镜面维护中心"，专门从事这项精密工作。而对于莫纳克亚的凯克望远镜而言，这项工作要简单得多，因为它的36块分镜面可以单独进行加工。

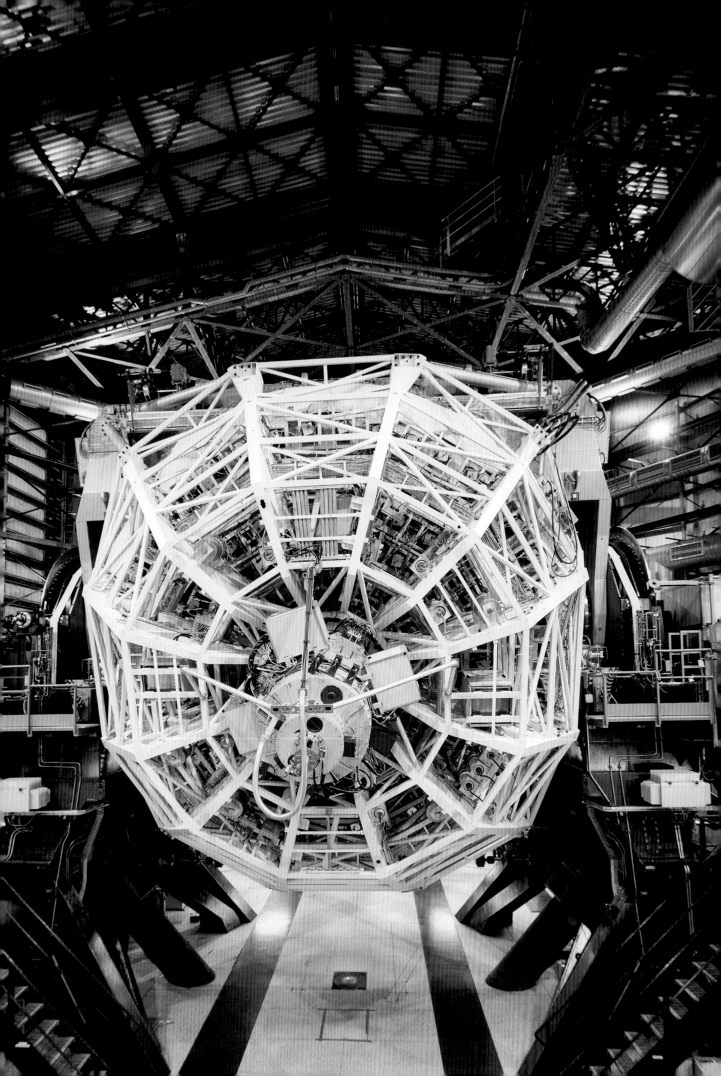

"在帕瑞纳，你无须离开地球便可亲近宇宙。"

"日落时分，巨大的望远镜外罩纷纷打开，星光洒落在甚大望远镜的镜面上，带来了最新的宇宙奇观。"

在帕瑞纳，你无须离开地球便可亲近宇宙。在这里，奇石怪岩遍布于沙漠之上，神似火星的表面。欧洲南方天文台的雷西登西亚（Residencia）正坐落在此。这个看上去有点奢华前卫的"太空飞船"其实是天文学家们进餐、休息和放松的地方。夜幕低垂，璀璨的银河高悬头顶，繁星点点似乎触手可得。每当日落时分，巨大的望远镜外罩纷纷打开，星光洒落在甚大望远镜的镜面上，带来了最新的宇宙奇观。时而，一道激光划破夜空，在大气中投射出一颗人造亮星。高精度的波前传感器量出星光经过大气湍流后的失真程度。计算机高速运算，改正镜配合修正影像的变形，以期让星星"停止闪烁"。上述整个系统称作"自适应光学"，是当今天文学中的绝妙戏法。它使我们观测到的影像清晰分明，而不再是一团模糊。

另一招光学魔法叫作"干涉测量"。这种技术最初由射电天文学家发明。其具体方法是把来自两台独立望远镜的两束光合而为一，且同时保持彼此间的波峰和波谷精确对齐。其产生的效果是令两台独立的望远镜形同一台庞大的望远镜，口径等于两台望远镜间的距离。利用干涉测量法可以看到原本需要100米口径的望远镜才能观测到的细节。莫纳克亚的凯克双胞胎望远镜就经常一起协作，成为一台干涉仪。至于甚大望远镜，它有四台望远镜可以同时干涉，甚至有时会动用移动自如的辅助望远镜来起到更强的干涉效果。

向银河的中心发射激光

这束从欧洲南方天文台甚大望远镜发出的橙色激光正瞄准银河的中心，以辅助主动光学系统的观测。它在地球的高层大气中制造出了一颗人工亮星。大气湍流会造成这颗激光亮星的光线失真，天文学家们只需注视它的亮度变化，即可修正模糊的部分并获得尽可能清晰的影像。

莫纳克亚山大义台

它是世界上最大的天文台之一，位于夏威夷大岛的一座海拔4 200米的休眠火山——莫纳克亚山之巅。矗立在图中最显著位置的山脊上的是8.1米口径的北双子望远镜（左边银色圆顶）和3.6米口径的加法夏望远镜（Canada–France–Hawaii Telescope，中间白色圆顶）。山谷低洼处的是詹姆斯克拉克麦克斯韦望远镜，它曾一度用作超短长无线电波的研究。图中最右边是10米口径凯克双胞胎望远镜，在它们的左侧是日本的8.3米口径昴星团望远镜。

另一些大望远镜的踪迹遍布全球各地。在智利的拉斯康帕纳斯山（Cerro Las Campanas），美国天文学家们已经建成了双麦哲伦望远镜，分别以沃尔特·巴德（Walter Baade）和兰顿·克莱（Landon Clay）这两位天文学家的名字命名。这两座望远镜口径均为6.5米，外观完全相同，可作为干涉仪同时使用。莫纳克亚山的日本昴星团望远镜口径8.3米，性能卓越，并配有高灵敏度的光谱仪和摄像机；8.1米口径的北双子望远镜也在莫纳克亚山，它是多国合作的产物。它的孪生兄弟——南半球的南双子望远镜坐落在智利的帕琼山（Cerro Pachon），这两架望远镜可满足天文学家们随心所欲地观测全天星空。

聚光盆

美国得克萨斯州福尔克斯山（Mount Fowlkes）的德霍比—埃伯利望远镜（the Hobby–Eberly Telescope，简称HET）和南非萨瑟兰（Sutherland）的南部非洲大望远镜（the Southern African Large Telescope，简称SALT）都拥有分镜面拼装成的宽达11米的反射面。它们属于一种特殊的观测仪，主要用作光谱分析。这类望远镜只能观测天空中的一小片区域，整个镜面无法全部利用，它们普通成像的质量较差，且不具备高精度相机，因此与传统望远镜相比毫无优势。但这类望远镜特别擅长采集和分析来自遥远星系的暗弱星光。类似HET和SALT这种"聚光盆"和正规望远镜相差甚远，故它们无法跻身世界最大望远镜的行列。

正在发射激光束的北双子望远镜

    莫纳克亚山的北双子望远镜口径8.2米，拥有镀银涂层的主镜和强大的主动光学系统，是揭示宇宙奥秘的又一利器。此刻，它正在向天空发射一束黄光，这样可以在大气层制造出一颗人工亮星，从而监测地球的大气湍流。

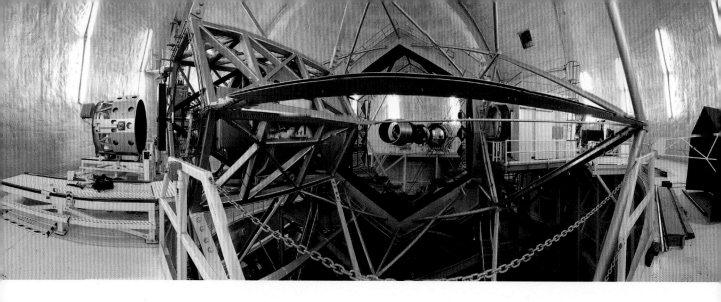

"这些大型望远镜的镜片大如泳池……"

凯克望远镜

以如今的技术浇铸一整块
8.4米口径的反射镜是不现实
的。于是,莫纳克亚山的凯克
望远镜采用了36块六角形的小
镜片拼装成了10米宽的主反射
镜。这种技术也会用于今后的
超大规模望远镜建造。这张鱼
眼视图中间偏左的位置是凯克
望远镜的次镜片罩壳。

美国亚利桑那州格雷厄姆山的大双筒望远镜（Large Binocular
Telescope）是大型望远镜家族的新成员。它那两大面口径8.4米的反射镜
镶嵌在同一支撑底座上。当它们同时工作,其收集星光的能力等同于一块
11.8米口径的反射镜。当运用干涉测量时,这两块反射镜相当于一架22.8
米口径的虚拟望远镜。

这些巨大的望远镜都建在最理想的观测地: 海拔较高、气候干燥、空气
清澈、无光污染。这些望远镜的"反射眼"大若泳池,并配有主动光学控制
系统,以抵消大气扰动造成的影像模糊。偶尔,这些望远镜也会拥有虚拟的
庞大身躯和鹰眼般的分辨力,这都归功于干涉测量法。

极具创新的超薄镜片制作工艺、主动光学,以及干涉测量等新技术为我
们带来了令人振奋的宇宙图景。如今,天文学家们已经从地面上拍摄到了
遥远的木卫一的火山照片,它是木星的一颗橙色的卫星,其表面主要是二氧
化硫气体。天文学家还测量出了牛郎星和狮子座 α 等恒星的实际大小和形
状。甚至,他们还拍到了一颗冰冷的行星围绕着一颗矮星运行,跟踪了围绕
银河系中心旋转的巨星,它们被一个超大质量的黑洞引力所操控。

我们已经自伽利略的时代迈出了一大步。

"我们已经自伽利略的时代迈出了一大步。"

麦克梅斯—皮尔斯太阳望远镜

这架位于基特峰国立天文台的麦克梅斯—皮尔斯太阳望远镜已经对太阳进行了一整天的观测。暮色正照亮着它的身躯，其背后是一轮缓缓升起的月亮。

远程控制

如今的天文学家们已经不用再冒着夜晚的寒气，亲自通过望远镜的目镜观测了。取而代之的是坐在舒适的控制室里远程控制望远镜主要设备的运作。他们一边注视着电脑屏幕，一边敲打键盘写下观测报告。就拿凯克望远镜作为例子，凯克天文台总部的控制室在威美亚（Waimea），相对莫纳克亚山已经非常靠海了，因此天文学访客们不用再忍受高原反应之苦。在多数情况下，天文台的工作人员和夜班助理已经能够在当地游刃有余地进行观测，其他人员只需在家中工作。

大双筒望远镜的两块反射镜面

一双眼睛总胜过一只眼睛。美国亚利桑那州格雷厄姆山的大双筒望远镜拥有两面8.4米口径的反射镜，它们镶嵌在同一底座上。当

第四章 成像革命

哈勃望远镜拍摄到的猎户座星云

这张极富魅力的猎户座星云照片实际上是一幅镶嵌画。它由哈勃望远镜所拍摄的5种不同波段的500多张照片互相拼凑而成。猎户座星云是天空中已被充分研究的恒星形成区之一。这张照片中已包含3 000颗以上的恒星，其中大多是最近刚诞生的恒星。数字图像处理技术使可见光波段和红外线波段的成像合成在同一张相片上成为可能。

通过望远镜的目镜观测宇宙似乎轻而易举，但要把观测结果记录下来并留给后人就不这么容易了。最早的天文学家们用手绘图记录下他们在望远镜中所见到的一切。但人眼的精度其实并不高，我们的大脑也会偶尔出错，从而带来误差。直到19世纪中期，天文摄影技术的发明才令天文学家们找到了客观记录望远镜观测结果的方法。天文摄影的一大优势是可以长时间曝光。经过曝光，相片上呈现出的星星数量远比肉眼所能看到的要大得多。继天文摄影之后，又发明了电子探测器和数字图像处理技术，这才算开始了真正意义上的成像革命。

"在超过两个世纪的时间里，天文学家需要同时具备绘画才能……"

400年前，伽利略·伽利雷以素描的方式记录下了通过其望远镜所观测到的图景：满布凹坑的月面、舞蹈中的木星卫星群、太阳黑子以及猎户座的众恒星。为了能与世人共同分享他的发现，他将这些图集编印成了一本叫作《星际信使》的小册子。

在超过两个世纪的时间里，天文学家不仅要目视观测，还要同时具备绘画才能，以便更好地把他们所看到的例如荒凉的月球表面、木星上的大气风暴、遥远星系的气体星云等天文景观一五一十地绘画出来。虽然当时没有瞄准线、千分尺和先进的计时工具来精确度量星空的位置和尺寸，且绘成的图画常带有个人风格，但天文学家总是能尽心尽力地奉献出富有美感的观测制图。

有时，天文学家们会画下一些原本不存在的东西，如火星表面的运河。火星体积较小，和地球有一定的距离，以至19世纪末的望远镜还不足以完全看清它那红彤彤的、娇小的脸庞。意大利天文学家乔范尼·夏帕雷利抓住了观测火星的最佳时机。他经过短时间的观察，发现了横跨火星表面的线形暗条纹，他称之为"伽纳利"（原文为"canali"，意大利语"水道"的意思，后来的翻译家却把这个词翻译成英语的"canals"，运河的意思。——译者注）。美国的帕西瓦尔·罗威尔（Percival Lowell）也观测到了这些暗纹，他猜想这些暗纹是将火星南北两极的水输送到赤道地区的运河，而这些运河构成了火星上巨大的灌溉网。或许这是火星上存在智慧生物的直接证据！

这一切只不过是他的一厢情愿罢了。今天我们已经知道火星上并没有生命。这些"运河"只是光学错觉而已，产生这种错觉的原因是我们的眼睛在任何场合下都有着发现图形的趋势，因此我们的眼睛也会欺骗我们。天文学家们需要一个真正客观的方法来记录望远镜观测到的结果。

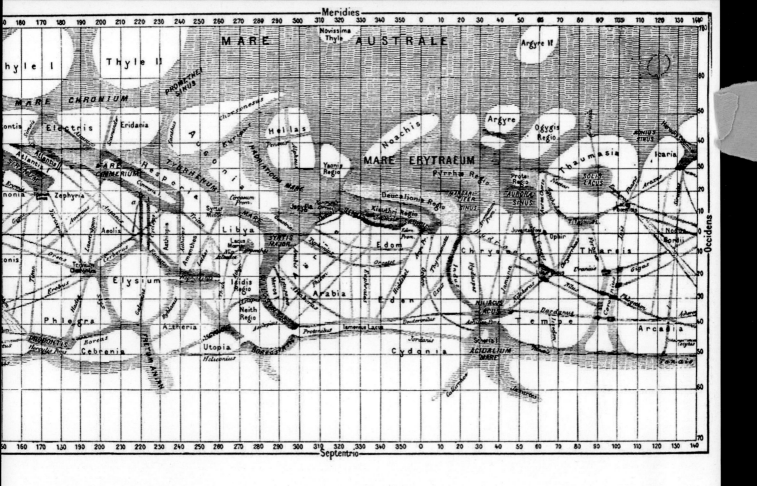

"天文摄影解决了这个棘手的问题。"

天文摄影解决了这个棘手的问题。第一张月球的银版相片由约翰·威廉·德雷珀（John William Draper）在1840年拍摄。当时照相技术诞生了还不到15年，但天文学家们已经意识到了它所能发挥的巨大价值。10年后，哈佛大学天文台的天文学家们拍摄了织女星的银版相片，这是历史上第一张恒星的银版相片。1880年，德雷珀之子亨利拍摄到了猎户座星云的第一张照片，它向世人展现了猎户星云那微弱的光芒，在当时要做到这点可不容易。

乔范尼·夏帕雷绘制的火星地图

我们的眼睛很容易受到误导。19世纪末的意大利天文学家乔范尼·夏帕雷认为自己看到了火星表面的直线形暗纹，于是亲手绘制了这张火星地图，并自创命名体系为这些地名一一标注。我们可以从图中看出，火星上的这些"运河"起到沟通"海洋"和划分"陆地"的作用。之后的天文学家们已经认识到这些"运河"其实是光学错觉。

第一张月球相片

1839年10月18日，英籍美裔科学家约翰·德雷珀成为史上第一个拍摄月球照片（更确切地说，是银版相片）的人。这张照片代表了天文摄影的开端，告诉了人们天文摄影是一种可以从根本上改变天文学的技术。

早期的天文摄影（拼贴画）

　　美国制镜商乔治·威利斯·里奇（George Willis Ritchey）与乔治·艾略里·海尔在威尔逊山天文台紧密合作了长达14年。里奇在1901至1917年间拍摄了上述这些知名星系的照片，当时天文摄影尚处于发展阶段。从左上角的那幅开始，沿顺时针方向依次是：细针星系（NGC 4565）、三角座星系（M33）、风车星系（M101）、旋涡星系（M51）、仙女座星云的中间部分（M31）和大熊星座中的M81星系。

　　　　　　　　天文摄影不仅可以更客观地观测天上世界，它还能揭示肉眼无法看见的暗弱天体。底片上的感光剂里含有细小的卤化银颗粒，当它们接触到光时便会变黑，因此可以产生星空的负像照片——黑色的星星镶嵌在白色的夜空上。照相底片的一大好处是它能够显示出暗星。当我们用自己的眼睛凝视天空时，即使看得再久，映入眼帘的星星数量也不会增加，因为我们的眼睛已经适应了黑暗。而相片却可以做到，曝光越久就能显现出越多的星星。

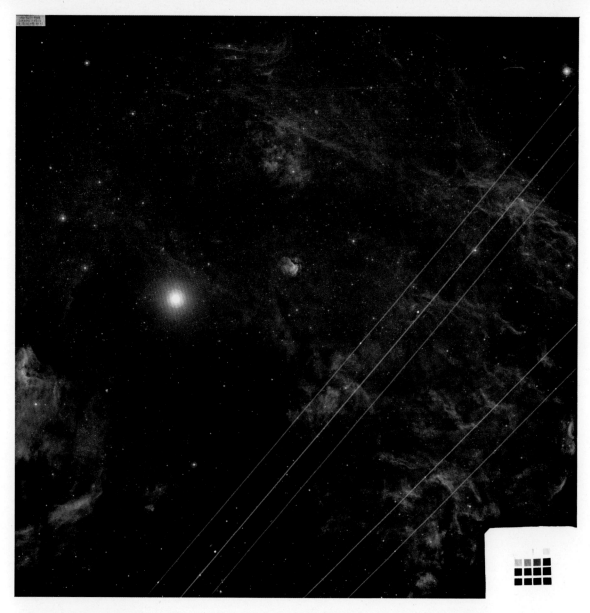

天文摄影及其面临的挑战

    这张由帕洛马山的施密特望远镜拍摄的完整巡天照片向我们揭示了天文摄影技术的缺陷,它时常困扰着天文摄影师们。照片右下角的斜线是不慎进入相机视角的飞机在曝光时间内扫过的轨迹。照片的四个角落明显较暗,这是望远镜和摄像机的光学设计局限所造成的光损失。图中最亮的星是天鹅座 α 星,左侧的云状物体是鹈鹕星云的一部分。

    曾在南非好望角皇家天文台工作的苏格兰天文学家大卫·吉尔(David Gill)是首先意识到天文摄影可以用来记录天空的人。早期的天文学家则是通过一丝不苟地观测来获得大量的天文数据,并在此基础上编纂星表。其中的代表作是 1862 年出版的《波昂星表》(*Bonner Durchmusterung*)。在 1895 和 1900 年,吉尔系统地拍摄了星空,并发现了数以万计的恒星。荷兰天文学家雅各布·卡普坦(Jacobus Kapteyn)负责对这些照片进行测算,随后他和吉尔共同发表了三卷《好望角照相星表》,刊载了 454 877 颗恒星的位置和亮度。

"有了天文摄影技术，观测天文学从此成为一门真正的科学"

摄影技术已经成为20世纪早期天文学家们不可或缺的工具。暗弱的行星卫星、螺旋星云的真实面貌和身材娇小的冥王星都是依靠天文摄影发现的。随着大型天文望远镜的不断涌现，巡天过程的规模正在变大，范围也渐广。帕洛马山的1.2米口径施密特望远镜曾在20世纪50年代拍摄了整个北半球的星空。紧随其后的是由美国国家地理学会赞助的帕洛马巡天计划（Palomar Observatory Sky Survey）。该计划的内容包括拍摄近两千张天文照片，每张的曝光时长近一个小时。这些照片可以呈现出的最暗的恒星达到21等——比人眼所能看见的还要暗100万倍。

有了天文摄影技术，观测天文学从此成为一门真正的科学。该技术提供了测量方法，更客观真实，且可以反复操作。但是银的反应速率较慢，因此曝光时间往往需要很长。为了得到拍摄结果，天文学家必须耐心等待。然而数字革命改变了这一切。硅取代了银的地位，像素接替了卤化银颗粒。就连家用相机也早已不使用底片照相了。取而代之，影像被存储在一块光敏晶片上。这种晶片称作电荷耦合元件（charge coupled devices），我们简称为CCD，它是1969年的发明。

CCD表面有许多排列整齐的硅电容，它们能把光信号转换成数字信号，这些光敏物质构成了一个个像素。在曝光过程中，每个像素依照辐射的光强来充入相应比例的电量。当曝光结束，这些电量可通过其他电子元件读出并转换成图像。第一代平面CCD仅包含约 100×100 个像素。而如今，拥有数百万甚至上千万像素摄像头的手机已经随处可见。

职业天文学家使用的CCD效率极高。为了进一步提高灵敏度，他们使用液氮将CCD冷却至冰点以下。这样，几乎每一粒光子都能记录下来，CCD所需的曝光时间也大大缩短。过去，帕洛马天文台巡天一次要花一个小时；现在，用装有CCD的小型望远镜只需几分钟即可完成。天文学家已经造出了拥有过亿像素的巨大的CCD相机。这场硅的革命还远远没有结束呢。

宇宙的色彩

借助大型望远镜、CCD数字探测器和互联网，公众已经可以经常看到惊艳的宇宙彩图了。诸如土星大气那超现实的色调、恒星形成区红绿交织的明亮色泽，以及七彩霓虹般的行星状星云。我们的宇宙果真如此色彩缤纷吗？还是天文学家用某种方式美化了这些图片呢？

首先要明确一点：假如一位天文学家能够有幸在鹰星云或超新星遗留下的蟹状星云跟前漂浮，他根本无法辨认出这些星云，更谈不上具体的颜色了。这是因为这些天体的表面亮度极低，人眼的采光能力无法和底片或是CCD探测器相比。由于视网膜中的视锥细胞仅能辨别亮光，因此天文学家在这种情况下即使勉强能看到那么点光，也无法感知其颜色。天文摄影中广泛使用的这种"增彩技术"使我们永远无法看到的颜色变得更为醒目。

新式的CCD探测器在功能上类似于老式的黑白电影：CCD虽对大量的色彩都有响应，但只会记录每种色彩的总体强度。要从CCD获取彩色照片，就要用到滤色镜先分离出红、绿、蓝单色的照片，再将它们合成一下。这也是著名的哈勃望远镜获得照片的方法。有一点必须注意：这里所指的红绿蓝和我们眼睛里的视锥细胞所能感知的红绿蓝有所区别。为了尽可能科学地呈现各种颜色，具体使用何种滤色镜须经过仔细权衡。例如，某滤色镜可以滤出发光的氧气的颜色，而另一种滤色镜可以滤出氢气或是氮气的颜色。最终版本的照片其实反映的并非我们肉眼所能看到的真实颜色。

天文学家同样有办法探测肉眼无法看到的波段，如紫外线和红外线。这些不可见的部分必须用某些颜色来填充，以使其变得可见。例如，当用红外线、近红外和远红外的滤色镜分别观测一个遥远的星系时，获得的数码相片经曝光后，呈现出的依次是蓝色、绿色和红色的星系。

气泡星云（NGC 7635）

仙后座的这颗大质量恒星周围包裹着三层恒星气壳，它们构成了直径达6光年的气泡星云。气泡星云发光的原理是这颗恒星所产生的辐射对气壳内气体的电离作用。照片右下角的品红色物质是数千年前一颗超新星爆炸后留下的残骸。

数码照片的一大优势是可以在电脑上进行加工处理。天文学家们利用尖端的专业软件对这些宇宙的快照进行编辑和修饰。他们可以从图片中包含的数据直径计算并提取出有趣信息，再进行形象化处理和出图。通过拉伸图片尺寸、增强对比度，可以凸显出星云或星系中最暗淡的部分。彩色编码技术可以呈现一般情况下难以察觉的结构。通过合并三张由不同滤色镜对同一天体所拍摄的影像，可以制作出无比壮丽的合成照。这真是科学与艺术的交融。

用数码方法来编辑天文照片还能带来连锁效益。发现壮观的宇宙图片的过程变得前所未有的容易。现在，只需轻点鼠标，宇宙的照片便唾手可得，它可以是哈勃望远镜发来的最新照片，抑或是在遥远的行星周围绕行的太空探测器拍摄到的照片。业余天文爱好者往往使用Photoshop软件来进行图片加工，为它们增添美丽的色彩，以符合大众的欣赏要求。业余天文学家往往在自家后院放置一架望远镜，这种望远镜辅以价格低廉、构造简单的网络摄像头，即可摄得行星的照片。这种照片比一个世纪前的5米口径海尔望远镜获得的照片更为细致。

这场数字革命已经使天文观测实现了自动化。配置了灵敏电子探测器的程控望远镜/全自动望远镜（Robotic telescopes）正无间断地守望着天空；先进的计算机软件可以对几小时间或是几天里拍到的照片进行比较，发现其中最细微的差别。变星、太阳系内的小行星和太阳系外的河内行星，以及遥远星系正在上演的超新星爆炸等天文景观就是这样被侦察到的。

闪视的艺术

在大半个世纪的时间里，天文学家们一直使用闪视比较仪（blink comparator）搜寻小行星、变星和天空中的其他变化。道理很简单，当针对天空中的同一片区域拍摄得到两张照片时，每张照片上都会包含数以千计的恒星，可以将它们并排放在一起，通过闪视比较仪的目镜进行对比。透过目镜，观测者看到的图片每隔一秒左右会翻转一次，这是仪器中的一面小镜子对两张照片的反射作用。观测者看到的大多数星星不会有太大变化，但如果一颗星星改变了其位置，它会在视野里来回跳跃。若在两张照片上的亮度不一致，则会在目镜中显得忽明忽暗。随着数码影像和超级计算机的出现，这种累人的比较方法最终被淘汰了。现在，可以对两张曝光前后的照片进行简单的叠加相减，即可实现自动"找茬"。

"超新星爆炸了，其他地方又有新的恒星诞生了；脉冲星规律地发出闪光；伽马射线暴；黑洞正吸积成长。"

"LSST将向宇宙打开一扇网络摄影的天窗。"

如今的巡天过程已经完全数字化，并且比以前细致得多。新墨西哥州的2.5米口径斯隆望远镜已经拍摄并编目了超过1亿个天体。自2000年以来，它已度量了100万个星系的距离，新发现了10万个类星体。该望远镜利用最新的扫描技术每晚巡天1/4并绘图，用去30块CCD芯片和5个滤色镜，同时产生200GB（2 000亿字节）的数据。

然而，只靠这一架望远镜巡天还远远不够，因为宇宙无时无刻不在变化着：彗星来去匆匆；小行星擦身而过；遥远的恒星在围绕其母恒星运行时临时遮挡住了恒星的光芒；超新星爆炸了，其他地方却有新的恒星诞生了；脉冲星规律地发出闪光；伽马射线暴；黑洞正吸积成长。

为了记录这些天空中上演的瑰丽剧目，天文学家希望每年都进行全天范围的巡天勘查，或者每个月巡天一次，甚至是每两周一次。这是雄心勃勃的"大口径全天巡视望远镜"（the Large Synoptic Survey Telescope，简称LSST）需要实现的目标。这架功能强大的望远镜即将建于智利的帕琼山，其反射镜的口径将达8.4米，可以看见足够容纳50个满月的视野范围。它还配备一部3千兆像素的摄像机，可连续不断地对天空进行15秒/次的曝光。到了2015年建成之时，LSST将向宇宙打开一扇网络摄影的天窗。

2.5米口径的斯隆望远镜

这是位于美国新墨西哥州阿帕奇山天文台（Apache Point Observatory）的2.5米口径斯隆数字巡天望远镜（The Sloan Digital Sky Survey 2.5-metre telescope）。它配有一部极其复杂的数码摄像机，其复杂程度胜过之前的任何一部摄像机。摄像机的内部是30片CCD，冷却温度达零下80摄氏度。斯隆望远镜自动绘制的北半球星空已经达到了前所未有的精度。

坏像素

在一张星空的电子图像刊登在一本天文杂志或是茶几书上之前，需要对其进行仔细处理。考虑到CCD上不同的像素点可能会对同样的光强产生不同的响应，故整张图片需要进行一遍精确校准。视野中较亮的恒星会对CCD中的某一排产生"效应"，宇宙射线也会增加像素的充电量。所有这些影像都要在制成最后的彩色照片前经过仔细加工。

"再过几年，任何人都可以通过笔记本电脑来探索宇宙。"

LSST每晚预期可以产生30万亿字节（30TB）的数据。这些不断涌现的天文数据将被妥善地处理、分析和使用，这要归功于和Google公司今后的合作。随后，公众可以访问这些数据。即，再过几年，任何人都可以坐在家中通过一台笔记本电脑来探索宇宙，向星空启航。

巡视天空

大口径全天巡视望远镜在2015年开始建造。它将会成为历史上规模最大、功能最强的巡天设备。但在它建成之前，天文学家还得依靠另一批"星空守望者"来开展工作，它们包括：夏威夷的泛星望远镜（Pan – STARRS，口径1.8米），用于搜寻正在接近地球的小行星；罗威尔天文台的探索频道望远镜（Discovery Channel Telescope of Lowell Observatory，口径4.2米），由探索频道赞助，这架强有力的巡天工具于2010年投入使用。

大口径全天巡视望远镜（艺术效果图）

帕琼山位于智利北部，大口径全天巡视望远镜（LSST）就矗立在此。LSST的配件包括8.4米口径的巨型反射镜、具有开阔的视场的结构和大型数码摄像机。它每3晚便会把整个天空扫描拍摄一次，永不停歇地搜寻宇宙中的短暂瞬间，如超新星爆炸以及高速移动的物体，如向地球狂奔而来的小行星。

第五章 视力拓展

圆锥星云

在这张充满视觉震撼的照片中，粉色的亮光和红色的斑点都是处于婴儿时期的恒星，它们诞生了仅10万年。这些恒星位于独角兽座的圆锥星云之中，这是一片恒星诞生区。通过普通相机拍摄到的照片无法显示这些年轻的恒星，它们被厚厚的尘埃完全遮盖住。而在斯皮策太空望远镜拍摄的红外照片上，这些恒星都清晰可见。

漆黑的宇宙中散落着恒星、星云和星系。呈现在我们观测者面前的宇宙仅仅是可见光波段的那部分宇宙。但如果我们将其他不可见的光波都囊括在内，眼前的图景将有很大的不同：我们会看到星际间的氢云、四处散射的微波、在红外线波段绽放异彩的恒星育婴室、伽马射线暴，以及充斥着整个宇宙的大爆炸回响声，它经历了140亿年的宇宙膨胀已经变得十分微弱。那么，天文学家利用何种方法来发现不易被觉察到的那部分宇宙呢？建造可以看见"不可见光"的望远镜和探测器即可。

"只研究可见光波段的宇宙就好比带着严重的听力障碍去音乐会。"

当你听着喜爱的音乐时,你的耳朵所接收到的音频范围其实很广——从重低音的隆隆声到最高的音调。现在,试想一下你的耳朵只能听到非常有限的音频范围,那么你将会错过大部分美妙的音乐。类似的问题也会发生在天文学家身上。由于人眼的视力仅限于看见可见光,几百年来,天文学家始终是徘徊在电磁波"中音区"的井底之蛙。

电磁波是可见光的组成。每种颜色对应一种特定的波长。红光的波长约700纳米(即0.000 7毫米);蓝光的能量较高,频率较大,它对应的波长相对较小,约400纳米。人眼只能感知介于这两种波长范围内的有色光,对于具有更长波长或更短波长的电磁波,就无法识别了。而宇宙本身散射着各种波长的电磁波。因此,如果只研究可见光波段的宇宙就好比带着严重的听力障碍去音乐会。

直到一个世纪前,人们才发现在宇宙中存在着看不见的电磁辐射,它们从宇宙深处不远万里来到地球。就拿宇宙中的无线电波(又称射电波)来说,它是在20世纪30年代被意外发现的。尽管某些来自宇宙的无线电波和地面上的广播站拥有相同的频率,但这并不意味着宇宙也在向我们广播。这是因为来自太空的无线电波极其微弱,根本不足为听。如果将这些波转换成声音,你听到的不过是爆裂声或嘶嘶声。为了将频率调到"宇宙电台",我们需要一个巨大的碟形天线——射电望远镜。由于无线电波的波长比可见光长很多,故碟形天线的表面无需像镜片那样光滑,因此可以轻而易举地造出比光学望远镜大得多的射电望远镜。

威斯特博尔克综合射电天文望远镜

  威斯特博尔克综合射电天文望远镜（Westerbork Synthesis Radio Telescope）坐落在荷兰东北角的一片郊野上。它其实是14个直径25米的射电天线排成的天线阵列。它们沿着一条直线排列，长度达到近3千米。在东—西方向上永久固定着10个射电望远镜，另外4个望远镜可沿着铁轨移动。这组阵列于1970年完工，在2000年经历了一次大规模的翻新。威斯特博尔克射电阵列定期会和世界上的其他射电望远镜同步使用。此时它们设定为一种叫作"甚长基线干涉测量"（very long baseline interferometry）的观测模式。

澳大利亚射电望远镜密集阵列

位于澳大利亚内陆地区的澳大利亚射电望远镜密集阵列（The Australia Telescope Compact Array）由6座直径22米的射电天线组成。它们坐落于悉尼的东北方向距离悉尼约500千米处。它是南半球首屈一指的射电干涉仪。这组射电天线可在6千米宽的基线内自由移动，以实现在"宽视角—低分辨率"和"小视角—高分辨率"这两种观测模式间任意调整。

在20世纪30年代末，年轻的美国无线电爱好者雷伯（Grote Reber）在其母亲位于伊利诺伊州惠顿市的后院里建起了直径9.5米的碟形射电天线。雷伯是第一个绘制出简易版射电星图的人。在他的星图上，银河系处于非常显眼的位置。荷兰天文学家奥尔特（Jan Oort）和赫尔斯特（Henk van de Hulst）立刻发现了这种技术的巨大发展潜力——一座调至21厘米波长的射电望远镜可以用于描绘宇宙中的低温、中性的氢云分布（1951年，天文学家首次观测到银河系内波长为21厘米的中性氢原子谱线。宇宙中有3/4以上的物质是氢，分布非常广，因此借助射电望远镜弄清银河系氢原子的分布可以得到有关银河系结构的信息。该课题很快成为热门——译者注）。很快，世界各地都兴建起了庞大的射电望远镜，其中包括位于英格兰的乔德雷耳·班克（Jodrell Bank）的直径76米的洛弗尔望远镜（76-metre Lovell Telescope），落成于1957年。

甚大阵射电望远镜

甚大阵（the Very Large Array，简称VLA）坐落在美国新墨西哥州的索科罗（Socorro）镇外，它从1980年开始投入使用。甚大阵是27座射电天线的集合。每座天线直径达25米，重约230吨。整个阵列呈Y字型。当27座天线搜集的数据由电脑整合在一起时，这个阵列内的射电望远镜便可以像其他干涉望远镜一样等效成单个巨型的望远镜。世界各地的天文学家都利用甚大阵来研究宇宙中的一切天体，从黑洞到行星状星云。

在无线电波段联合使用几架望远镜来形成干涉要容易得多，这样也能在很大程度上增加图像的美感。就拿美国新墨西哥州的甚大阵作为例子，它由27个碟形天线组成，每个天线直径达25米。射电天文学家可以将分散在各大洲的射电望远镜联合在一起使用。这种技术叫作甚长基线干涉测量。在天文学史上，该技术已经带来了最详尽的观测结果。

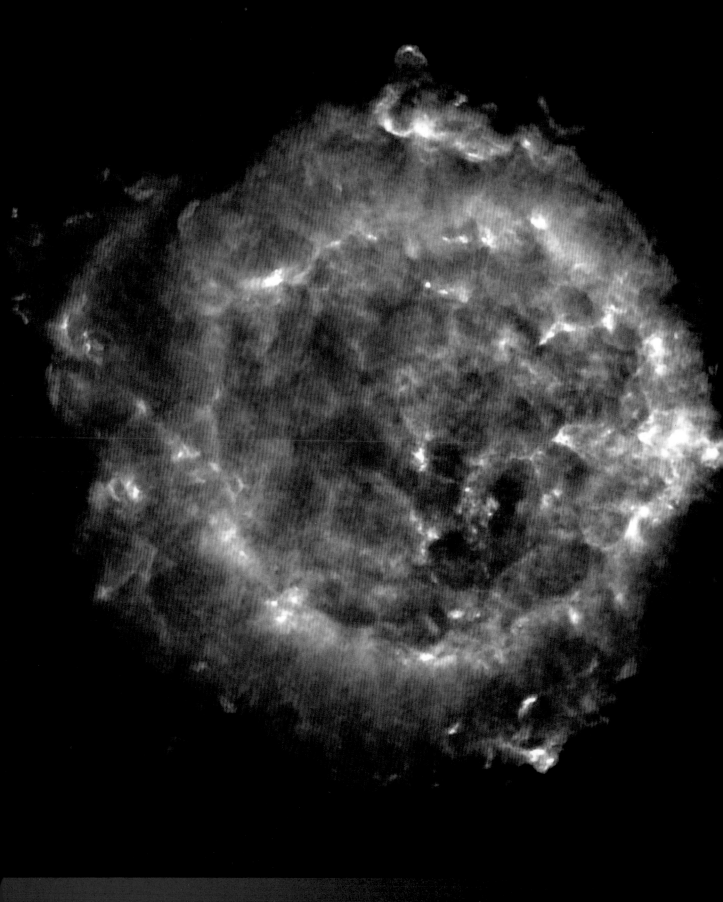

仙后座A（可见于射电波段）

　　仙后座A是银河系中,300 年前的一次超新星爆炸后的遗迹。它距离我们 11 000 光年。这张射电波段的仙后座A照片由新墨西哥洲的甚大阵拍摄,照片上呈现出的是呈喷射状的丝状发光物质。

光的分解

电磁波并不仅仅只有可见光。微波、红外线（见上图）、紫外线、X射线、伽马射线都是电磁波家族中的成员。即使是可见光也可以被分成若干不同的波段。比如，白光含有彩虹中的所有颜色。当阳光投射在一片雕花玻璃上或一张DVD表面时，白光的这种色散现象就十分明显。

利用类似的方法（如棱镜和光栅），天文学家通常把来自恒星、星云和星系的光进行分光、色散处理，形成光谱。光谱是按照被色散开的各种单色光波的能量大小而依次排列成的图案。像太阳这类炽热的发光天体会释放出所有可能波长的电磁波，具体的波长分布主要取决于该天体的温度。超高温恒星发出的蓝光比红光和黄光要多。低温恒星发出的可见光主要集中在红光的波段。类似太阳这种中温恒星，其辐射能量分布的峰值位置恰好处于可见光光谱的中间段，故太阳光看上去是各种颜色的均匀混合，整个太阳呈耀眼的白色。

炽热气体的光谱就大不相同了，每种气体原子的结构决定了其释放光波的能级，故这些炽热的气体只会释放出某些特定波长的光波。天文学家就是利用这种方法来判定气体的化学组成。例如，含钠的高温气体主要对应光谱中的橙黄色部分。这和低压照明钠灯是一个原理。温度相对较低的同种气体则会吸收一部分这种波长的光，这就导致了低温恒星的光谱看上去暗一些，因为这颗恒星中的大气吸收掉了一部分光。

光谱学在19世纪经历了高度发展，现已成为天文学家不可或缺的工具。光谱学在恒星动力学中发挥着重要作用。多普勒效应是一种光学效应，发光天体的运动状态发生改变时，其发出的光波波长也会改变，反映在光谱特征的改变上。它类似于一辆救护车正朝你驶来或离你而去时车上警笛声调的变化。天文学家通过精确测量光波谱线位移的量，即可算出恒星和星系的角速度和自转速率。不得不提的是，若是没有光谱学，宇宙在膨胀这一事实恐怕永远不会被发现。

光谱分析是光谱学最重要的功能。利用光谱上所有即得的电磁波谱线便可揭示出遥远天体的化学组成。这对于19世纪初的天文学家而言是根本无法想象的。

ALMA天线阵

射电宇宙看上去会是怎样的情形呢？在射电波段，我们的太阳显得格外闪耀，银河系的中心会分外明亮。分布在银河系旋臂与河外星系中的氢气云在21厘米波段终于抛头露面。作为恒星的遗骸，神秘莫测的脉冲星也会发出短促的射电波。它们往往密度极高，转速惊人，可达每秒钟数百次，因此脉冲星的射电辐射看上去就像一座灯塔发出的旋转光束。仙后座A是一个强射电源，它是17世纪时一次超新星爆炸后的遗迹。半人马座A、天鹅座A和室女座A这类巨星系均向外涌出大量的射电波，这些射电源都由星系中央的大质量黑洞所驱动。在这些射电星系和类星体当中，有些具有非常惊人的能力，即使它们远在100亿光年外，我们仍探测到它们发出的射电辐射。

宇宙中还充斥着一种微弱电磁辐射，它波长较短，我们称之为"宇宙微波背景辐射"。它是大爆炸之后的余波，是天地万物的创造印记。这种辐射产生于宇宙诞生后40万年，最初以可见光的形式存在，因而具有更高的能量。现在它的能量已随着宇宙的膨胀被逐渐"稀释"，波长也被拉伸到了微波的波段。虽然太空已经为我们提供了绘制宇宙微波背景辐射图的最理想的条件，但科学家们为了进行更深入的研究，还特别设计了一些望远镜，将它们放置在智利和南极。

电磁波谱中的每个波段都大有文章可作。在毫米波段和亚毫米波段，天文学家研究早期宇宙中星系的形成，以及我们银河系里恒星和行星的起源。但这些波段中的大部分都会被大气中的水汽阻挡，天文学家需要到更高、更干燥的地方去观测它们。

　　智利北部的查南托高原海拔5千米，由欧洲、美国、日本联合打造的ALMA阵列就建在这片梦幻般的高原之上。64座射电天线在此步调一致地运作，巨型拖车承载着100吨重的碟形天线四处迁移，以毫米级的精确度为天线定位。这些天线可以分散放置在大小和伦敦相当的区域内，以求观测到更多细节；或者把它们拉近集中摆放，这样可以拓宽射电望远镜的视野。

"它们能看穿宇宙中的低温尘埃云，揭示出在可见光中无法看见的新生恒星。"

MAGIC 望远镜

夜间的迷雾降临加纳利群岛帕尔马山上的Roque de los Muchachos天文台。十几束激光正在精确排列着17米口径MAGIC望远镜的小分镜。MAGIC（全称为Major Atmospheric Gamma Imaging Cherenkov）望远镜用来拍摄极度微弱的大气辉光，这种光是由来自外太空的高能伽马射线在穿透地球大气层时产生的一连串高能粒子产生的。与之完全相同的另一座望远镜已在2008年落成，它们联合起来可以进行全方位的观天。

宇宙中很多天体也会发出红外线。红外线是一种热辐射，最初由威廉·赫歇尔发现。一般室温下的物体都会释放出红外线。在地球上，我们可以通过夜视镜或红外线摄像头来轻易地"看见"红外线的踪影。但如果要探测到遥远天体发出的微弱红外辐射，天文学家就需要高度灵敏的探测器，并将其冷却到接近绝对零度。

现在，几乎所有的大型光学望远镜都配备了红外线照相机和摄谱仪。它们能看穿宇宙中的低温尘埃云，揭示出可见光无法看见的新生恒星。于是，对于那些深藏于猎户星云和鹰状星云里的恒星育婴室都可以在红外波段进行细致的研究了。红外探测器还能探测到环绕在恒星周围的尘埃盘发出的热辐射，新的行星就诞生于这些尘埃之中。红外观测对研究那些最遥远星系同样有利。这些星系中的壮年恒星辐射出的是紫外线，但这些高能量辐射在不断膨胀的宇宙中穿行了上百亿年时间，波长已被拉伸到了红外线。

那么诸如紫外线和X射线这类高能量电磁波的结局又会怎样？值得庆幸的是，这些具有杀伤力的辐射因为地球大气层的阻挡而无法接近我们人类。但来自太阳的辐射中仍有少量紫外线能够穿透大气到达地面，最终导致皮肤癌的产生。相比之下，能量更高的X射线如果集中袭来即可致命。来自宇宙的伽马射线辐射是自然界中能量最高的电磁辐射。当伽马射线与地球的上层大气接触时，会产生一系列的高能粒子流。这些高能粒子又会衍生成为夜空中的微弱光源。而类似于帕尔马山上的MAGIC望远镜这样的设备就足以观测到这种微弱的光源。

皮埃尔·奥格天文台

　　16 000座按摩浴缸大小的水槽在阿根廷的潘帕阿玛里利亚（Pampa Amarilla）方圆3 000平方千米的区域内星罗棋布，构成了皮埃尔·奥格天文台。图片中所示的是这些水槽中的一座，它们用来探测宇宙射线穿透地球大气层时产生的高能粒子。该天文台根据法国宇宙射线学家皮埃尔·奥格（Pierre Auger）的名字命名，于2008年11月中旬正式落成。

"每一秒钟都会有上万亿个中微子从我们的身体中穿过。"

　　类似于MAGIC这样的望远镜并非用来探寻辐射,而是用来捕获来自宇宙深处的某些高能粒子——被加速至接近光速的电子和原子核。这些宇宙射线可能来自遥远的超新星或黑洞。当它们和大气层中的其他原子核相碰撞时,会产生次级粒子流。位于阿根廷的皮埃尔·奥格天文台根据一位法国的宇宙射线研究先驱的名字命名。它从外表上看根本不像是望远镜,但它包含了1 600座探测器,遍布在3 000平方千米的区域内。

　　中微子探测器可以称得上是望远镜吗?有何不可呢?它们也能用来观测宇宙。中微子是一种难以捉摸的基本粒子,它在太阳内部、超新星爆炸时产生,甚至在宇宙大爆炸时已经产生。中微子几乎不与任何物质发生作用,且可以轻易地穿透地球。每一秒钟都会有上万亿个中微子穿透我们的身体。所以,中微子"望远镜"必须具有相当大的体积以保证在有限的空间内至少可以捕获一个中微子。为避免外界干扰,这些探测器通常建在矿井深处、海平面下或是南极的冰川内。

跟踪宇宙射线

　　宇宙射线最初由奥地利天文学家维克多·赫斯(Victor Hess)在他1911年的一次热气球高空飞行时发现。由于这些高能粒子的运行轨迹在太空中受到磁场影响而发生过偏转,导致了无法对其追根溯源,于是,在那之后的几十年里,始终没人能够解释这些高能粒子的来源问题。

"类似LIGO的望远镜专门用来度量时空结构中微小的涟漪。"

天文学家和物理学家联合建造引力波探测器。这类"望远镜"使用激光干涉技术、高精度反射镜和长达几千米的真空管来寻找时空结构中极其微小的涟漪。这些引力波是爱因斯坦的相对论所预言的概念，迄今为止仍未被探测到。天文学家希望"先进激光干涉引力波天文台"（Advanced Laser Interferometer Gravitational-Wave Observatory）能够带来更多的发现。

天文学家已使用包罗万象的仪器开启了全波段的电磁波观测。他们甚至还利用宇宙射线探测器和引力波探测器来探索超出电磁波范围的宇宙。但即便是已经拥有如此先进的装备，一些观测仍旧无法在地面上进行。这时候，太空望远镜就有了用武之地。

脉冲星存在的证据

引力波——时空中的微小涟漪，由大质量天体在大力加速的情况下产生。至今为止，尚未有直接观测到引力波的例子，但所有科学家都相信它的存在。1974年，美国物理学家乔·泰勒（Joe Taylor）与拉塞尔·赫尔斯（Russel Hulse）使用位于波多黎各的300米口径的阿雷西博射电望远镜发现了脉冲双星PSR 1913+16（两颗中子星，其中一颗是脉冲星，沿轨道相互绕对方运动而成的双星系统，称作脉冲双星。现在已知的脉冲双星达到120个。这里的PSR 1913+16是该脉冲双星在天体表中的编号，PSR代表脉冲星。——译者注）。这两颗双星的轨道周期正在逐渐变短。显然这是由于释放了引力波所造成的，且双星系统的能量损失完全符合根据爱因斯坦的广义相对论所预测的值。1993年，泰勒和赫斯双双获得诺贝尔物理学奖，以表彰他们发现了这种新型的脉冲星。

观测隐秘的宇宙

　　阿雷西博是波多黎各的港口城市。靠近该市的一个山谷因为具有天然的碗状造型而被改造成为世界上最大的射电望远镜。阿雷西博天文台的射电望远镜口径达300米，拥有世界第一的射电天线，也是目前所建造出的最引人注目的望远镜。它在研究脉冲星和搜寻地外文明（Search for Extra-Terrestrial Intelligence，简称SETI）方面发挥着重要作用。为了观测到宇宙中其他特殊形式的光波和辐射，天文学家建造了外形奇特的设备。这些设备和伽利略用过的第一架望远镜几乎没有相似之处。对于这些致力于研究中微子、宇宙射线和引力波的天文台而言，称它们为"望远镜"似乎已经不再贴切。

阿卡塔玛探路者望远镜

　　一轮满月正高悬在阿卡塔玛探路者望远镜（Atacama Pathfinder Experiment Telescope，简称APEX）的上空。这架望远镜坐落在智利北部海拔5 000米的查南托平原。科学家利用APEX来进行毫米波段的观测，希望能通过它来研究银河系与河外星系中的恒星形成区里各种温度的尘埃。科学家们因此能够研究包括行星大气的结构与化学成分、衰亡的恒星、分子云以及星暴星系（starburst galaxies，是一个星系中由巨大的恒星形成的暴发区，其特征是红外光度明显高于光学光度。普通的星系比如银河系也形成恒星，但是形成的速度很慢。而在星暴星系中，恒星的形成是非常剧烈的。著名的星暴星系有大熊座的M82星系——译者注）在内的一切天文现象。

麦克斯韦望远镜

　　麦克斯韦望远镜（James Clerk Maxwell Telescope，简称JCMT）位于夏威夷大岛的莫纳克亚山。它的碟形天线外部罩有一层隔膜，可以帮助它抵挡山顶严酷的气候。JCMT拥有15米口径的天线，是世界上专为观测宇宙中亚毫米波段辐射的望远镜里最大的一座。它曾用于包括太阳系、星际尘埃、星际气体和遥远的星系等多方面研究。

第六章　进入太空

宇航员正在哈勃太空望远镜上工作

1999年12月的一次航天维护任务给正在时刻绕地球运行的哈勃太空望远镜换上了新了陀螺仪、计算机和其他组件。这张广角照片的背景就是我们居住的地球，它着实令人感到震撼。位于航天飞船机械臂末端的是宇航员史蒂芬·史密斯（Steven Smith）和约翰·格伦斯菲尔德（John Grunsfeld）。

对于望远镜而言，没有比太空更理想的观测场所了。高居于地球大气层之上的望远镜不再受到大气扰动的影响，拍摄遥远的恒星和星系也会得到异常清晰的照片。与地面望远镜不同的是，绕地轨道上的观测设备可以全天候24小时工作，扫视的范围能够涉及整个天空。太空观测还使研究那些被大气层吸收掉的辐射成为可能。难怪哈勃太空望远镜会对天文学产生如此多的贡献。但哈勃并非在孤军奋战——自20世纪60年代以来，已经有超过100个这样的太空观测站发射升空了。

"哈勃在天文学的多个领域都掀起了翻天覆地的革命。"

年轻的恒星雕塑师

远在地球大气层之外的哈勃望远镜给天文学家带来了众多超清晰的宇宙照片。在这张照片中,从一个年轻星团发出的高能辐射正侵蚀着它周围的尘埃,同时生成了巨大的弧形丝状结构。这片恒星形成区域位于21万光年之外的小麦哲伦星云(Small Magellanic Cloud)中,小麦哲伦星系是一个环绕着银河系旋转的星系。

由美国宇航局和欧洲航天局联合开发的哈勃太空望远镜是目前为止历史上最著名的望远镜。哈勃在天文学的多个领域都掀起了翻天覆地的革命。以现在的眼光来看,哈勃的主镜尺寸其实是非常小的——直径只有2.4米。但它所处的位置在地球之外,正如它的全称里的"太空"两字,远高于令影像模糊不清的大气层,使它在观测宇宙时拥有异乎寻常的视力。此外,哈勃还可以看见紫外线和近红外线,这些辐射通常根本无法到达地面。哈勃上的照相机和摄谱仪的尺寸与电话亭相当,它们记录并仔细剖析着来自宇宙深处的光线。

和地面上的望远镜一样,哈勃也是与时俱进,不断升级的。它在1990年被发射到一个近地轨道,因为美国宇航局的航天飞机可以轻易地飞到那里访问哈勃。从那之后,每隔几年就会派宇航员通过太空行走来实施哈勃的维护任务,以修复或替换损毁的部件、移走旧的仪器并换上最先进的探测器。哈勃已成为观测天文学领域的能工巧匠。它改变了我们对宇宙的理解。

哈勃观测到了火星上的季节变迁和侧向的土星光环。但哈勃观测到的最壮观的场面要属1994年的彗星撞击木星。当时的苏梅克–列维9号(Shoemaker–Levy 9)彗星被撕裂成20片,猛烈撞向巨人木星的表层大气,产生了巨大的火球并留下了巨型黑斑。即使通过一架业余天文望远镜也能轻易地观察到这些撞击的痕迹。

当哈勃将目光投向太阳系以外时,它目睹了恒星生命周期的各个阶段,从它们诞生的最初期,在布满尘埃的气体云育婴室的日子,一直到它们临终前的告别仪式,如暮年恒星把它那纤细优雅的行星状星云缓缓地吹送到宇宙空间,或是如超新星猛烈地爆发,亮度几乎超越其所在的星系。由哈勃发现的著名的鹰星云"创造之柱"(Pillars of Creation)就被认为是未来恒星的诞生地。哈勃还观测到了位于猎户座星云深处的新太阳系形成的温床——围绕在新生恒星周围的尘埃盘。这些尘埃盘将会迅速凝聚成行星。

哈勃超深空

　　这张 "哈勃超深空"（Hubble Ultra Deep Field）照片中闪耀着将近 10 000 个遥远的星系，是至今为止以可见光拍摄的最深邃的宇宙影像。这张宇宙快照穿越了数十亿光年的范围，纳入了各种年龄、各种颜色、各种尺寸和形状的星系。其中，看上去最小、最红的星系可能是已知的最遥远的星系，它们早在宇宙诞生 8 亿年之后就存在了。

哈勃深空

美国航天局和欧洲宇航局的天文学家在2004年3月9日发布了上面这张当时所能看到的最遥远宇宙的照片。照片中分布着距离我们130亿光年之外的超过1万个星系。左页的这张哈勃超深空照片一度被视作研究宇宙的金矿，它为科学家提供了宇宙演化的独一无二的素材，但这张哈勃深空所反映的年代则更为久远。

就在哈勃"近视"的主镜得到矫正之后，空间望远镜科学研究所（Space Telescope Science Institute，是主要负责控制和协调哈勃空间望远镜的科学机构。——译者注）主任罗伯特·威廉姆斯（Robert Williams）决定抽出大量时间来观测和研究最遥远的星系。这个想法实施起来很简单，只要对天空中星星数量看似寥寥无几的一小片区域进行超长时间曝光，然后观察结果中新增了什么。哈勃的广角和行星相机2号（Wide Field and Planetary Camera 2）在1995年12月中持续拍摄了十多天，得到了大熊座中的一小块区域的342张曝光照片。最终呈现出的是上图所示的这张照片，它揭示了3 000个远方的星系，其中一些达到约120亿光年之遥。

作为首张哈勃深空照片，它的重要意义在于为其他望远镜的后继研究设定了基准。这些望远镜包括夏威夷莫纳克亚的麦克斯韦亚毫米波望远镜、新墨西哥州的甚大阵射电望远镜、欧洲红外太空望远镜（European Infrared Space Observatory）和美国航天局的钱德拉X射线天文台（Chandra X — ray Observatory）。在1998年秋，哈勃再度以类似的方式拍摄了哈勃深空（Hubble Deep Field South）的影像，这次聚焦的是南半球的一小片可用大型光学望远镜和红外线望远镜摄录的天空。总的来说，这最初的两张哈勃深空照片产生了数以百计的科学论文，研究的内容涉及宇宙初期的演化、星系形态的改变，以及宇宙中恒星形成的历史。

当哈勃望远镜在2002年3月被装上了更敏锐的高级巡天照相机（Advanced Camera for Surveys）时，理所当然要奉献出质量更上乘的深空研究结果。南半球天炉座的一小片天空在2003年秋季被拍摄达800次，累计曝光时长超过11天。

"若是没有太空望远镜，天文学家恐怕会对宇宙中的高能辐射视而不见。"

"近视"的哈勃

就在哈勃望远镜于1990年春季发射升空之后，天文学家和技术专家惊恐地发现这架太空望远镜的主镜存在一处极其细微的变形。其造成的后果是，哈勃传来的图像品质低于当初的预期。在1993年12月的第一次维护任务中，宇航员为哈勃安装了矫正光学系统，解决了哈勃的"近视"问题。从那时起，这架太空望远镜就一直在履行着它的职责，远远超出人们的期望。现在已经设计出可以补偿主镜的球面像差的最新一代照相机，故不再需要矫正光学系统了。

巨型球状星团是宇宙中最古老的恒星家族。哈勃已经研究了这类星团中的成千上万个恒星，还有各种星系。雄伟的旋涡星系、引人入胜的尘带和猛烈的星系碰撞，宇宙中这般丰富的细节是天文学家以前从未见过的。超长时间的曝光可以使原本看上去空空如也的一片天空呈现出数以千计的暗弱星系。这些往往与我们相隔几十亿光年，它们在宇宙的童年时期就发出的光直到现在才被我们收集到。这些哈勃深空照片为天文学家打开了一扇通往遥远过去的窗口，提供了研究宇宙演化的新线索。

哈勃并非太空中唯一的望远镜。美国宇航局在2003年8月发射了红外线版本的哈勃——斯皮策空间望远镜。它的主镜口径只有85厘米，比哈勃还小。望远镜被放入了一个灌满液氦的真空容器中。这样，它的探测器就能冷却到接近绝对零度。因此，斯皮策望远镜对红外线的灵敏度胜过任何空间红外探测器（由于宇宙中有些天体温度极低，发出的红外线十分微弱，故接收红外线的望远镜必须在接近绝对零度，约零下273摄氏度的超低温环境下才能正常工作，因此需要给它装上液氦冷却。将斯皮策的核心部分装入这个容器中也可以避免来自地球、太阳和望远镜本身发出的红外线带来的干扰——译者注）。

斯皮策呈现给我们的是一个尘埃背后的宇宙。漆黑、密不透光的尘埃云在可见光波段无法看到，而当它们从内部被加热时，就会发出红外线。星系碰撞产生的冲击波把尘埃推扫成绵长的旋臂或圆环，从而成为新恒星的诞生地。恒星凋亡后也会产生尘埃。斯皮策已经发现在行星状星云和超新星的遗迹中布满了筑造未来行星的原材料——尘粒。甚至在那些遥远的大质量黑洞中，尘埃也会随着黑洞吹出的疾风而旋转。借助光谱分析，斯皮策得以判断出这些宇宙尘埃中的化学和矿物组成。

建造过程中的斯皮策望远镜

美国宇航局的斯皮策空间望远镜是目前为止功能最强的红外线望远镜。它于2003年8月在美国洛克希德·马丁公司航空系统分公司（Lockheed Martin Space Systems）接受了最后一次"体检"。这架85厘米口径的望远镜被安置在一个液氦容器中，从而保证它能够在足够低的温度下揭示出太阳系外的行星、恒星形成区和充满尘埃的星系所发出的微弱热辐射。

"宇宙高能辐射能够穿透传统的望远镜主镜。"

在其他红外波段,斯皮策还能看穿尘埃云,发现隐藏于昏暗的尘埃云核心的年轻恒星。原本被尘埃遮蔽而模糊不清的恒星形成区也变得清澈透明起来。斯皮策灵敏的摄谱仪亦能研究太阳系外行星的大气。这些行星往往是类似木星这样的巨行星,但它们只需数日便可围绕其母星公转一周。斯皮策负责研究它们表层的灼热大气中是否含有水蒸气和钠盐。

那么,X射线和伽马射线的情况又如何呢?它们完全被地球的大气层所阻挡。若是没有太空望远镜,天文学家就无法看到这些高能量的辐射。研究这类辐射有助于更好地去理解由炽热的恒星、超新星爆炸、碰撞的星系、正在合并的星团和黑洞组成的充满血雨腥风的宇宙。于2003年4月发射升空的GALEX(Galaxy Evolution Explorer,又称星系演化探测望远镜——译者注)是美国宇航局的紫外线探测望远镜。它已经研究了成百上千个星系中的年轻而炽热的恒星,为天文学家展示了这些"宇宙积木"的演化和变迁。

观测X射线和伽马射线的望远镜很难建造。高能辐射波会直接穿透普通的镜片。X射线的能量虽然比伽马射线低一些,却只能靠一组镀上纯金的镜片连接起来聚焦,而威力较强的伽马射线只能透过精密的针孔照相机,或大量的闪烁器进行研究。这些闪烁器在被高能光子击中后,会发出短暂的闪光。忽略上述这些难点,天文学家其实在太空时代的早期就已经开始发射观测X射线和伽马射线的探测器了。来自宇宙的X射线首次被探测到是在1964年,由一个安装在火箭上的盖革计数器(Geiger counter)所发现。

在过去的十年间，已经由数个精密的高能太空望远镜被发射到绕地轨道上。美国宇航局的康普顿伽马射线天文台（Compton Gamma Ray Observatory，是美国宇航局在 1991 年发射的一颗伽马射线天文卫星。康普顿伽马射线天文台与哈勃太空望远镜、钱德拉X射线天文台、斯皮策空间望远镜一起，同属于美国宇航局的大型轨道天文台计划，它们分别工作在不同的波段，每台望远镜都在各自的领域做出了卓越的贡献——译者注）在 20 世纪 90 年代就已升空。在当时已经发射的科学卫星中，它在体积和质量上都位居第一，康普顿可称得上是绕地轨道上的一台完备的物理实验室。它曾因为对伽马射线暴进行过详细的研究而登上了报纸头条。这种射线暴是高能量的辐射在极短时间内的爆发，最初由军事侦察卫星发现。2002 年，欧洲航天局发射了他们自己研制的伽马射线天文台——INTEGRAL（全称为 "Internnational Gamma-Ray Astrophysics Laboratory"，即国际伽马射线天体物理实验室——译者注）2008 年春，美国宇航局又部署了"大天域伽马射线望远镜"（the Gamma Ray Large Area Space Telescope，简称 GLAST）。

银河系中心的X射线影像

这张X射线波段照片呈现的是数以百计个炽热的白矮星、致密的中子星和贪婪的黑洞所共同照亮的银河系中心。位于银河中心的大质量黑洞就在这张照片左侧的一小片白色光斑之中。这张由钱德拉X射线天文台生成的拼贴画同时还向我们展示了高达百万度的炽热气体云雾所发出的光亮。

精确定位伽马射线暴

美国宇航局的康普顿伽马射线天文台已经证实了这种平均每天发生 1—2 次的神秘的宇宙伽马射线暴是在天空中均匀分布的。多年来，天文学家无法确定这些射线暴的源头在哪里，它究竟是发生在我们银河系周围或内部的一种现象，还是由远方星系中的剧烈爆炸所致？天文学家利用 BeppoSAX 卫星（由意大利和荷兰联合发射）于 1997 年第一次观测伽马射线暴的"余辉"时收集到的数据，得出了这种射线暴来自亿万光年以外的结论。1997 年的这次伽马射线暴是迄今为止宇宙中能量最强的"爆破"。

"这些炽热的气体消失在坠入黑洞的那一刻会释放出X射线。"

与此同时，在太空中已经有两台X射线望远镜为天文学家服务——美国宇航局的钱德拉X射线天文台和欧洲航天局的XMM-牛顿天文台，它们不知疲倦地注视着宇宙中最炽热的地区。钱德拉望远镜负责生成宇宙的X射线照片，而灵敏度更高的XMM – 牛顿望远镜则专注于对X射线进行光谱分析。

这些高能空间望远镜不仅观测到了被超新星爆炸后的冲击波加热至百万度以上的气体云，还探测到了X射线双星——一对中子星，或是正在吸取伴星质量的黑洞。同样地，那些遥远星系核心的大质量黑洞也可以通过高温气体在跌进黑洞的旋涡并消失前所释放出的X射线来捕捉到。

星系团中的各星系之间充斥着稀薄而炽热的气体。有时候，这些星系团内气体会因为星系团间的碰撞与合并，而被震荡并加热至更高温度。研究这些X射线的结论可以带来星系团演化的线索和宇宙大尺度结构的起源。

哈勃、斯皮策、钱德拉、XMM – 牛顿、Integral和GLAST，它们个个都是身怀绝技的观天巨人。其他空间望远镜相对较小，但它们所承担的任务更具体。如法国的"科罗"卫星（COROT），它专门用于星震学（利用多普勒效应研究天体震动的学科。研究天体的震动可以了解天体内部的信息，如氦的丰度等。其原理类似于地震学家通过研究地震波来了解地球——译者注）的研究和搜寻太阳系外的行星。COROT搜寻地外行星的方法和美国宇航局的开普勒计划（美国宇航局寻找其他类地行星的计划。通过开普勒望远镜，计划用3.5年时间观测10万颗恒星光度，检测是否有凌日现象。开普勒望远镜拥有比哈勃更宽广的视野，还能检测到凌星现象，故发现类地行星的概率远高于哈勃——译者注）相仿，即凌星法。当行星定期从恒星前方掠过时，从地球的角度看去，恒星的亮度会有规律地减小，称之为凌星（类似于凌日）。

斯皮策空间望远镜观测到的草帽星系（SOMBRERO GALAXY）

斯皮策空间望远镜和哈勃太空望远镜联合打造了这张妩媚动人的草帽星系照片。草帽星系可谓是宇宙中最著名的景观之一。在可见光波段，它形似墨西哥人的宽边草帽；但在红外线波段，它看上去更像靶心。

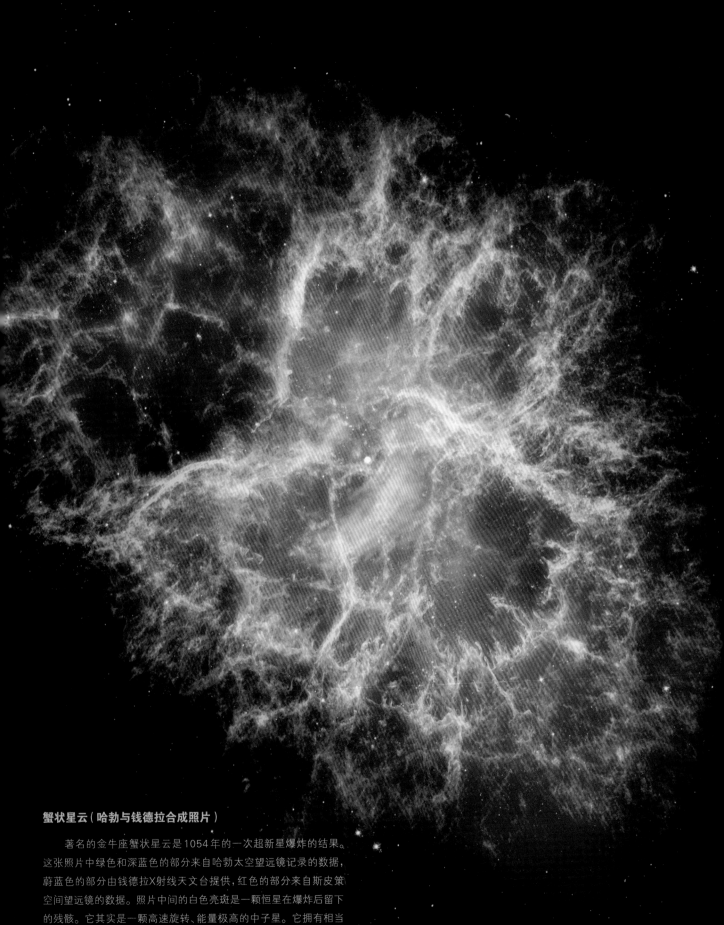

蟹状星云（哈勃与钱德拉合成照片）

　　著名的金牛座蟹状星云是1054年的一次超新星爆炸的结果。
这张照片中绿色和深蓝色的部分来自哈勃太空望远镜记录的数据，
蔚蓝色的部分由钱德拉X射线天文台提供，红色的部分来自斯皮策
空间望远镜的数据。照片中间的白色亮斑是一颗恒星在爆炸后留下
的残骸。它其实是一颗高速旋转、能量极高的中子星。它拥有相当
于一个太阳的质量，却压缩在直径只有20千米的球体内。

"WMAP给宇宙学家带来了目前为止最真实的宇宙早期场景。"

另一个小身材大功用的望远镜是美国宇航局的"雨燕"卫星（Swift）。它集X射线和伽马射线的观测装置于一身，是专为解开伽马射线暴之谜而设计的。每个星期，雨燕都可以探测到一些新的伽马射线暴。它可以在一分钟内迅速判断出射线暴的方位，并将其坐标通过无线电传送给地面的全自动望远镜，以用于后续研究。

还有WMAP——威尔金森微波各向异性探测器（Wilkinson Microwave Anisotropy Probe），它仅花去两年时间就绘制出了宇宙微波背景辐射图，其详尽程度前所未有。我们的宇宙已经发展到了星系团和超星系团（宇宙大爆炸余辉中的细微温度起伏提供了关于早期宇宙密度涟漪的信息，这些密度不均匀的区域成长为今天的星系团和超星系团）的阶段。在大爆炸过后的宇宙中，任何极其微小的温度起伏都会包含宇宙最初的密度分布信息。WMAP结合了对如今大尺寸宇宙的观测结果和宇宙的膨胀历史（可从遥远的超新星的特征中发现），给宇宙学家带来了目前为止最真实的宇宙早期场景。

探索整个电磁波谱和开拓宇宙的新疆域是望远镜历史上的两大最振奋人心的发展。但望远镜尚还年轻，还有很长的路要走。那么往后又会怎样呢？这本书的最后一章会给出答案。接下来，让我们一起领略未来望远镜的风采吧。

太空巨镜

在2008和2009年交际之时，由欧洲航天局设计并建造的"赫歇尔"红外空间望远镜发射升空了。它的名字来源于发现红外辐射的科学家赫歇尔（Herschel）。它的主镜直径达3.5米，是目前太空望远镜中最大的。赫歇尔望远镜将主攻远红外波段和亚毫米波段的电磁波，这些波段是之前没有被仔细研究过的。它的主要任务是找出宇宙中第一批星系是如何形成的。赫歇尔望远镜将和用于宇宙微波背景辐射研究的普朗克探测器（Planck Surveyor）同时发射升空。

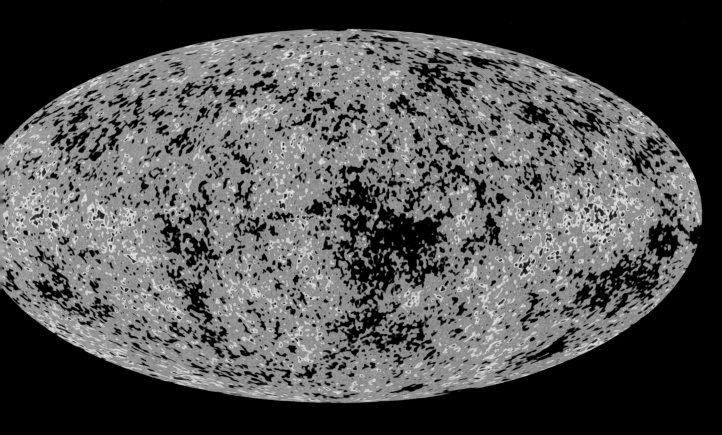

微波波段的天空（由WMAP成像）

　　WMAP专门用于研究具有137亿年历史的宇宙微波背景辐射。这张全天照片是由WMAP在三年里收集到的数据集合而成的。在照片中，宇宙早期各种细小的温度波动被标记成各种颜色，每个温度波动对应于宇宙中的一处密度变化。正是这些密度变化导致了宇宙演变为今天遍布星系和星团的模样。

太空中的望远镜

　　把望远镜发射到太空中代价不菲，但太空望远镜让天文学家们得以凝视他们梦寐以求的那一片天空。用这些望远镜观测天体可以丝毫不受地球大气的干扰，并且能够轻而易举地看到我们通常在地球表面无法看到的数种辐射：X射线、红外光波、紫外光波等。这些望远镜有时甚至能给我们带来难以想象的观测结果，它们揭示出的宇宙深处的景象恰恰是我们知之甚少的。

第七章　未来巨镜

望远镜经历了过去的400年，已经成为人类观测宇宙的窗口。它为科学家带来了前所未有的画面，从行星、恒星到星系，从宇宙近邻到时空深处。暂不考虑这些惊人成就的话，即使是最新式最强大的望远镜也有改进的空间。天文学家总是希望能够拓宽目前的视野范围。在最后一个章节中，我们一起来预知未来，瞧一瞧那些即将发生巨大变革的地面望远镜和未来的太空望远镜。

大麦哲伦望远镜（艺术想象图）

　　7块直径8.4米的镜片排列成了花瓣状的大麦哲伦望远镜。这架望远镜将建造在智利的拉斯坎帕纳斯山上。它的镜片组合在一起使用时，将达到21.4米口径观测镜的分辨能力和灵敏度。

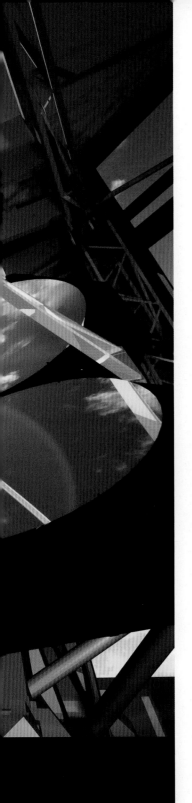

"将近500个镜片组成了一个庞大的主镜,其规模与一幢七层楼的公寓相当。"

自从四个世纪前汉斯·利柏希制作出望远镜以来,我们已经取得了很大的进展。但望远镜天文学不会因为这些成就而停滞不前,好戏还在后头呢。

大麦哲伦望远镜(Giant Magellan Telescope,简称GMT)的第一块镜坯已经在亚利桑那大学的镜面实验室铸造完成。智利的拉斯坎帕纳斯山(Cerro Las Campanas)上已经耸立着6.5米口径的麦哲伦望远镜,而更为庞大的大麦哲伦望远镜也同样会落户于此。GMT将配备至少7块镜片,每个直径都大大超过8米,总体排列成花瓣形状。当这些镜片组合在一起使用时,对光线的捕捉能力将和一个直径21.5米的反射镜相当,且分辨能力将达到一个直径24.5米的等效镜的水平。

加州的30米望远镜(Thirty Meter Telescope,简称TMT)看上去就像凯克望远镜的放大版。将近500块镜面拼合成的一块巨型主镜面将达到七层楼的高度。如此大尺寸的主镜将赋予它10倍于凯克望远镜的采光能力,它所能看到的细节是凯克望远镜的3倍。而它的次镜直径虽只有3.1米,却已经比威尔逊山的胡克望远镜的主镜要大得多了!拥有这样的次镜,完全可以弥补大气扰动对望远镜观测的影响了。

欧洲那边,欧洲超大望远镜(The European Extremely Large Telescope,简称E-ELT)是一项在欧洲南方天文台领导下的雄心勃勃的计划。E-ELT同样采用分镜组合而成一架反射镜。与美国的30米望远镜所不同的是,E-ELT的主镜直径阔达42米,其表面积是前者的两倍。E-ELT具有革命性的设计,包括它的5块反射镜和先进的自适应光学系统(用于纠正大气干扰)。

设想中的30米望远镜

加拿大和美国加州当地的机构目前正在共同研发这架30米望远镜（TMT）。站在这架望远镜跟前，任何人都会显得渺小，甚至连大货车也会相形见绌。这架新潮的观测设备或许会建造在夏威夷的莫纳克亚山，也有可能建在智利阿塔卡玛沙漠里的阿玛逊斯山（Cerro Armazones）。

欧洲超大望远镜（全景图）

　　图中，夕阳正从E-ELT那巨大的穹顶一侧徐徐落下。未来的E-ELT将包含五个反射镜和用于纠正大气扰动的先进自适应光学系统等颇具革命性的设计。

　　这些未来的庞然大物都特别优化了在红外线波段的观测。它们将按照相应的标准，全部配备高灵敏度的相机、摄谱仪和自适应光学系统。它们将向后追溯130亿年，去揭示宇宙史上的第一代恒星和星系。它们同样会为我们带来其他太阳系中的第一张真正的类地行星照片——这将会成为现代观测天文学的工具之一。

静候天外来电（原文为 "Awaiting E.T.'s call"，这里的 "E.T." 泛指外星人——译者注）

　　假如有一天我们发现了外星生命，那将会成为历史上最重大的突破之一。然而，我们还不清楚最理想的搜寻策略。如果生命在宇宙中是普遍存在的，那么可能在我们的宇宙近邻——火星的表面发现微生物的踪迹，或者化石遗迹再稍稍进一步，一旦行星大气中具备了必要的化学成分，那么生命的活动也就接踵而至了。所以，将来借助空间干涉仪对地外行星进行光谱分析，也许会揭示出外星球有机物的存在。这类空间干涉仪有类地行星搜索者（Terrestrial Planet Finder）和达尔文阵列。

　　遗憾的是，这些研究都只能在我们银河系内部几十光年的范围内进行。如果生命在宇宙中是一种非常罕有的现象，我们则需要把搜索的网撒得更大一些。顺着这条思路，SETI（Search for Extra-Terrestrial Intelligence，寻找地外智慧生命计划）项目应运而生。SETI的构想是：具有先进技术的外星文明可能会向宇宙发射出无线电波，甚至激光，如果能捕捉到这些异常的光波，便可证明外星生命的存在。

　　射电天文学家从20世纪60年代初就已经开始倾听这种外星信号了。科学家们在1967年首次接受到脉冲星信号时，曾将它误作为一条外星智慧生物发来的信息。虽然一直在投入更大的努力，但我们至今还是没有收到任何外星人的"来电"。我们还不清楚这些没有成效的结果意味着什么。或许，一味地通过无线电波来寻找先进文明的想法只是我们的一厢情愿。

　　包括已经在加利福尼亚投入建设的艾伦望远镜阵列（Allen Telescope Array）和未来的"平方千米方阵列"（Square Kilometer Array，简称SKA）在内的新一代的射电望远镜都应该可以搜索到远至银河系另一端和地球类似的信号源发出的信号。在电磁波谱的另一段，一种新奇的"光学SETI"技术正在寻找着短暂而高能的激光。科学家认为外星文明可能运用激光来进行星系间的交流。

　　没有人能够预测我们是否会和宇宙中其他形式的生命取得联系。也许宇宙中复杂的多细胞生物确实是极其稀有的，它们靠自身进化到这个程度已经实属不易。对于地外智慧生物的探测也许还未真正起步，然而，我们只需利用分散式的计算机软件（如SETI@home，这是一项旨在利用连入因特网的成千上万台计算机的闲置计算能力来搜寻地外文明的巨大工程。参加者可以用下载并运行屏幕保护程序的方式来让自己的计算机检测射电讯号——译者注）即可参与到探索的行列中。

"LOFAR甚至可以搜寻地外文明发出的无线电信号。"

平方千米方阵列望远镜的设计

多国合作的"平方千米方阵列"（SKA）将建造在澳大利亚或南非。SKA其实是由碟形天线和平面接收器组成的巨大射电网络。它将会给天文学家带来无与伦比的射电宇宙新面貌。

射电天文学家根本不会把口径只有42米的望远镜放在眼里。他们可以把许多小型设备组合在一起，成为大得多的接收器。低频阵（Low-Frequency Array， 简称LOFAR）现在正在荷兰兴建。它的3万支看似不显眼的天线组成了遍布整个荷兰的数百座接收站，其中几座接收站位于它的邻国德国境内。一个专设的光纤网络将这些天线和一台处理数据的中央超级计算机连接在一起。如此新奇的设计中，没有任何可移动的部件，但它依然可以同时观测8个不同的方向。这听起来有点像天方夜谭，但考虑到来自天空中每个方位的无线电波到达地面时间不同，而每支天线都可以精确地测出这些差异，所以该设想还是有可能实现的。

LOFAR技术将有助于指引"平方千米方阵列"（SKA）的落成。建成SKA是目前射电天文学家的最大心愿。这组国际性的阵列将会在澳大利亚或南非兴建。传统的大型碟形天线将和固定在地面上的小型接收器合力展示出一片异常详尽的射电天空。这组新阵列的总接受面积达1平方千米，它将成为史上最灵敏的射电器材。演化中的星系、威力强大的类星体、不停眨眼的脉冲星，没有任何的射电波能成功逃过平方千米射电阵的法眼。

大气层带来的挑战

若是没有自适应光学系统，建造超大型的望远镜就没什么意义。自适应光学（AO）利用波阵面传感器、高速计算的电脑、矫正镜和微型执行器组成，力在补偿大气湍流带来的扰动效果。但目前的AO技术还未能达到这些30米或40米口径望远镜的需求，原因是这些巨镜能够捕捉到范围极广的星光，其吸收的波阵面受不同高度的大气层分子影响。为了解决这个难题，光学专家们正在设计一种叫作"多共轭自适应光学"的技术，它需要从地面发射钠激光来制造出5颗人工参考星。

詹姆斯·韦伯望远镜

6.5米口径的詹姆斯·韦伯太空望远镜将前往距离地球约150万千米的一处有利位置，以接替哈勃太空望远镜。与哈勃不同的是，它主要观测的是红外波段。

那么外太空的情况又如何呢？哈勃的继任者——詹姆斯·韦伯太空望远镜（James Webb Space Telescope，简称JWST）将会升空。这架望远镜以前任的美国宇航局局长的名字命名，是美国、欧洲、加拿大等多国合作的成果。一旦进入太空，JWST会展开它6.5米口径的拼合镜面，形成花瓣形状，它的灵敏度将达到哈勃的七倍，其附带的巨型遮阳篷可使光学仪器和低温设备处于永久的阴暗之中。

JWST不绕地球旋转，而是围绕太阳在一个狭长轨道上运行，它会在距离地球150万千米处停留片刻。在那里它可以远离地球的辐射，将整个天空的景色都尽收眼底。半个世纪前，帕洛马山的五米口径海尔望远镜曾称霸一时，而今，比海尔更庞大的望远镜已经可以进入太空。对于JWST，我们能做的只是推测猜想它会给我们带来什么振奋人心的发现，让我们拭目以待。

另外，还有其他一些新型的太空望远镜已经设计完成或尚在计划之中。其中一些是具有专一目的的光学观测仪，如开普勒计划的望远镜，它们用来搜寻太阳系外的类地行星。超新星加速探测器（the Super Nova Acceleration Probe，简称SNAP），计划通过观测遥远的超新星爆炸来研究宇宙膨胀的历史。其他的太空望远镜身材中等，如美国宇航局的"广域红外探索者望远镜"（Wide-Field Infrared Survery Explorer）和欧洲航空局的"盖亚"天体测定任务系列望远镜，它们用来描绘银河系星图。在将来还会有一些巨型的太空望远镜，如"欧洲X射线宇宙进化光谱"任务的望远镜（European X-ray Evolving Universe Spectroscopy，简称XEUS），这架体积庞大的X射线望远镜需要两艘宇宙飞船才能将它送上轨道。此外，还有用来搜寻引力波的"国际激光太空干涉天线"。

"射电天文字家想把类似LOFAR的小型天线阵列安置在月球表面。"

"液态望远镜只能观测其上方，但价格更低廉，且更易建造。"

极富创意的工程师总是能设计出各种款式新颖的望远镜。加拿大的科学家已经造出了液态镜片望远镜。在这种望远镜中，星光由液态水银形成的天然转动曲面来反射。这种设计令液态望远镜只能观测其上方，但它价格更低廉，且更易制造。对于遍布天空的遥远星系，这种液态望远镜很可能成为对它们进行统计研究的理想设备。科学家们甚至在酝酿"大孔径反射镜阵列"（Large-Aperture Mirror Array，简称LAMA）的试验性计划。LAMA由18座10米口径的液态望远镜组合而成，将达到与欧洲超大望远镜相同水平的聚光能力。

射电天文学家想把类似LOFAR的小型天线阵列安置在月球表面，从而尽可能远离地球射电源的干扰。或许有朝一日，会有一台大型光学望远镜坐落在月球背面，相信那里将会成为内太阳系里用于光学天文学观测的最佳场所。X射线天文学家则希望通过使用灵敏的太空望远镜来极大地改善他们的观测能力。

月球表面形如LOFAR的射线天线阵

在遥远的未来，天文学家会把望远镜建到月球表面。这张艺术构想图向我们展示的射电天线阵类似于正在荷兰兴建的低频阵（LOFAR）。它位于月球的背面，那里完全不会受到来自地球上的射电源的干扰。

绘制暗物质地图

天文学家借助一种叫作"弱引力透镜效应"的现象，可以绘制出肉眼无法看见的宇宙中的暗物质分布图。强引力透镜效应（strong gravitational lensing）通常为众多人所熟悉，它具体指背景星系（background galaxy）的影像被前景星团（foreground cluster）引力所扭曲的一种现象。相比之下，弱引力透镜效应（weak gravitational lensing）更令人难以捉摸。大量聚集在一起的暗物质会导致远处星系的影像发生不明显的扭曲变形。通过研究那些已经观测到的数万个甚至是上百万个远方星系的统计数据，我们便可以在暗物质分布图上标注出更多的星系间的暗物质云（如上图中的蓝色部分）。这也是超新星加速探测器（Supernova Acceleration Probe，简称SNAP）努力的方向之一。

"如果地球真的是整个宇宙中唯一存在生命的星球,这实在令人难以想象。"

　　或许终有一天,望远镜会替我们解答一直困扰着人类的问题:我们在宇宙中是孤单的吗?我们知道在宇宙中还有其他的太阳系,我们甚至猜想存在着和地球一样有着液态水的行星。但……那里有生命吗?既然用于构成生命细胞的水和有机物分子普遍存在于星际空间中,那么,如果地球真的是整个宇宙中唯一存在生命的星球,这实在令人难以想象。我们也不能肯定结论究竟是怎样的。未来的太空干涉仪会解答我们的疑问。美国宇航局正在研发"类地行星搜寻者"计划;欧洲的科学家已经提出了达尔文阵列的构想。它们应该都具备发现外星生命的能力。

　　达尔文阵列的设计包括3至4台列队环绕太阳运行的巨型太空望远镜。它们之间的距离由激光控制,准确度接近十亿分之一米。它们一旦集合起来,将足以看到绕着其他恒星公转的类地行星。下一步是研究这些系外地球(exo-Earth)反射出来的少量光线,因为这些光线携带着行星大气的"光谱指纹"。或许在未来的15年内,我们就能探测到氧气、甲烷和臭氧,天体生物学家认为这些成分是通往遥远行星生命的路标。也许寻找宇宙别处的微生物不如外星人将飞碟直接停在时代广场来得那么轰动,但如果被我们找到了外星微生物,这将会成为有史以来最能引发人们思考的发现,并最终证明我们在宇宙中不是孤独的。

其中一台达尔文望远镜

　　3至4台形似这张图片中的这种太空望远镜将联合起来,仿效欧洲航天局提议的达尔文阵列,形成一个巨型太空干涉仪。达尔文望远镜可直接拍摄到围绕其他"太阳"的公转地外行星。

大旋涡星系 NGC 1672

　　蓝色代表炽热的壮年恒星团,桃红色的云彩是气态氢发出的光和热,它们共同刻画了 NGC 1672 星系壮丽的旋臂。这个位于剑鱼座的星系距离我们约 6 000 万光年。缕缕尘埃遮盖了部分星光,并使星系背后的恒星看上去泛着红光。在望远镜发明 400 年后的今天,这张哈勃照片代表了当今望远镜天文学的最高水平。

"成千上万的天文爱好者遍布世界的每个角落。他们在每个晴朗的夜晚出动或外出,抒发自己对宇宙的好奇。"

正在凝视夜空的天文爱好者

巴巴克·塔弗莱希(Babak Tafreshi)是一位勤奋的天文学爱好者。他在伊朗的达马万德山(Mount Damavand)附近拍下了这张天文同行正在观测夜空的照片。达马万德山位于伊朗境内的阿尔波兹山脉(Alborz range),靠近伊朗首都德黑兰。它海拔高达5 671米,是亚洲最高的火山,至今已经休眠了数千年之久。照片右上角一处较亮的光点是赫姆斯彗星(Comet Holmes),它的亮度在2007年突然增加。

业余天文爱好者

业余天文爱好者或许没有大型的观测设备,但他们具有奉献精神和较充裕的时间,因此同样可以对专业天文研究做出富有价值的贡献。那些寥寥可数的大型专业天文望远镜不仅要提前很长时间预约使用,且每此只能对一种天文现象进行观测,而中等大小的业余天文望远镜则数目众多。借助计算机控制和各种电子探测器,这些业余望远镜亦能在很大程度上参与研究那些转瞬即逝的天文现象,如:小行星掩星、太阳系外的凌星现象和伽马射线暴余辉。有时,我们甚至可以把贡献良多的业余天文爱好者视作科技文献的合著者。

我们的宇宙中充满了惊喜,天空自始至终都在为我们带来感动。难怪成千上万的天文爱好者遍布世界的每个角落。他们在每个晴朗的夜晚出动,抒发自己对宇宙的好奇。他们或将视线投向行星和月球,或观测瞬息万变的恒星和彗星,或凝视远方的星云和星系。他们手中的望远镜比起400年前伽利略用的简易观测装置要好得多。他们拍摄到的数码相片也已经超越了几十年前专业天文学家所能拍摄的最出色照片,这得益于新技术造就的奇迹。

望远镜探索宇宙的历史在人类认识宇宙的历程中虽然只占400年,但宇宙中尚有很多未知的疆域,等待着我们去发现。你,也可以成为星空探索者中的一员。让我们一起举目仰望,扣问无尽的苍穹。

霍弗特·席林
（Govert Schilling）

霍弗特靠自学成为荷兰著名的科普、天文作家。青少年时代的他，因为从一架3英尺（914.4毫米）的望远镜中亲眼看到了土星，从而走上了业余天文学家的道路。霍弗特虽对天文学始终抱有浓厚的兴趣，但他并未想把学术作为自己的事业，他成为机械工程师，最终当上了荷兰一家百科全书出版商的图片研究员。他还身兼荷兰天文爱好者月刊《天极》（*Zenit*）的总编一职。

霍弗特在1982年被阿姆斯特丹天文馆聘为剧作家和节目编辑。从那时起他也为报社和杂志社撰写天文故事。他的第一部著作出版于1985年年末。1987年，天文馆搬迁至阿提斯（Artis），更名为阿提斯天文馆。霍弗特继续坚持他的创作，为天文馆内的演出撰写了许多著名的剧本。其中包括一部以《芝麻街》中的人物形象创作的儿童剧。凭借这个剧本，他荣获了"儿童电视工作室杰出奖"（该奖项的原文是"Award of Excellency from Children's Television Workshop"，其中"儿童电视工作室"（Children's Television Workshop，简称CTW）是美国的一个义务教育团体，由其创作并播出的《芝麻街》被公认为是世界上最家喻户晓的幼儿教育节目——译者注）。

多年来，霍弗特在为阿提斯天文馆兼职的同时，还以自由职业者的身份为多家报刊、杂志社和广播电视台工作。他在1998年成为一名全职自由撰稿人。他开始为荷兰全国发行的日报《人民报》（*de Volkskrant*）撰写天文与太空方面的科普文章，同时也为其他一些荷兰的周刊或月刊杂志供稿。此外，他还是英国的《新科学家》（*New Scientist*）和《BBC仰望夜空》（*BBC Sky at Night*）的撰稿人、美国《天空和望远镜》杂志（*Sky & Telescope*）的特约编辑，并经常为《科学》（*Science*）和《科学美国人》（*Scientific American*）撰稿。

霍弗特至今已完成了近50本天文著作，其涉及的题材十分广泛，从通俗易懂的儿童读物和观星指南，到介绍天文学最新发展的专题图书。他的很多作品都被翻译成了英语和德语，如：《你不知道的宇宙大爆炸》（*Flash! The Hunt for the Biggest Explosions in the Universe*）、《进化中的宇宙》（*Evolving Cosmos*）和《寻找未知行星》（*The Hunt for Planet X*）

他还是荷兰一家天文学门户网站的持有人和网站编辑。2002年，他被授予享有极高声望的荷兰尤里卡奖（Dutch Eureka Prize），以表彰他在科技传播方面的贡献。

2007年，国际天文学联合会将编号为10986的小行星命名为霍弗特。

拉尔斯·林伯格·克里斯滕森
（Lars Lindberg Christensen）

拉尔斯是科学传播领域的专家，哥本哈根大学物理和天文学硕士，现担任位于德国慕尼黑的哈勃欧洲航天局信息中心主管，负责美国国家航空航天局/欧洲航天局哈勃太空望远镜在欧洲的公众教育和宣传。他在上任之前曾担任哥本哈根第谷·布拉赫天文馆的技术专家，并积累了长达10年的科学传播工作经验。

拉尔斯至今已发表了100多篇文章，其中大多都是深受大众喜爱的科学传播与理论。他的其他兴趣点涵盖了传播学的几个主要方面，包括图像传播、科普写作和技术与科学理论传播。他还著有许多图书，包括著名的《科技传播者实用指南》（ *The Hands-On Guide for Science Communicators* ）以及《哈勃望远镜——15年的探索之旅》（ *Hubble – 15 Years of Discovery* ）。其著作已经被翻译成芬兰语、葡萄牙语、丹麦语、德语和中文。

他还为各种不同的媒体受众制作了从球幕电影、激光电影和幻灯片，到网络、纸质媒体、电视和广播的各类宣传资料。其传播的精髓主要是设计思想和创新策略相结合，力争做到高效科学传播和贡献更多教育资源……具体内容包括与技艺精湛的技师和绘图专家互相合作。

拉尔斯是国际天文学联合会（IAU）的新闻官员，国际天文学联合会公众传播天文委员会（IAU Commission 55）的创办成员兼秘书官。他还是欧洲航天局/欧洲南方天文台/美国国家航空航天局的Photoshop FITS Liberator项目经理，《在公众间传播天文》（ Communicating Astronomy with the Public ）杂志的执行主编，哈勃视频播客（ Hubblecast ）的导演，国际天文年秘书处经理，科普纪录片《哈勃望远镜——15年的探索之旅》的导演和监制。2005年，拉尔斯因其在科学传播领域取得的巨大成就，成为史上最年轻的第谷·布拉赫奖章获得者。